"十三五"职业教育规划教材

物联网技术应用基础

李　欣　李雅蓉　主　编
白　震　韩美英　副主编

中国铁道出版社有限公司
CHINA RAILWAY PUBLISHING HOUSE CO., LTD.

内 容 简 介

本书由院校与企业联合编写,是针对中高职物联网相关专业的入门教材,理论结合实际。本书部分内容来自企业真实案例,并由企业一线的工程师编写,理论知识由具有丰富教学经验的职业院校专业教师编写。本书包括 10 个单元,主要内容包括:物联网认知、物联网体系结构与标准、传感技术概述、物联网无线传输技术、物联网安全、物联网应用、物联网感知层环境搭建、物联网感知层数据采集、物联网感知层设备控制和物联网感知层通信协议。

本书内容丰富,通俗易懂,图文并茂,让读者学习时能由浅入深地进入物联网的世界,了解物联网,为进一步学习物联网应用技术打下坚实的基础。

本书适合作为中高职院校物联网相关专业的教材,也可供物联网爱好者阅读。

图书在版编目(CIP)数据

物联网技术应用基础/李欣,李雅蓉主编. —北京:中国铁道
出版社有限公司,2020.4(2024.8 重印)
"十三五"职业教育规划教材
ISBN 978-7-113-26581-6

Ⅰ.①物… Ⅱ.①李… ②李… Ⅲ.①物联网络-应用-职业教育-
教材 ②智能技术-应用-职业教育-教材 Ⅳ.①TP393.4 ②TP18

中国版本图书馆 CIP 数据核字(2020)第 023045 号

书　　名:**物联网技术应用基础**

作　　者:李　欣　李雅蓉

策　　划:汪　敏　　　　　　　　　　编辑部电话:(010)51873135

责任编辑:汪　敏　贾淑媛

封面设计:刘　颖

责任校对:张玉华

责任印制:樊启鹏

出版发行:中国铁道出版社有限公司(100054,北京市西城区右安门西街 8 号)

网　　址:https://www.tdpress.com/51eds/

印　　刷:河北宝昌佳彩印刷有限公司

版　　次:2020 年 4 月第 1 版　2024 年 8 月第 5 次印刷

开　　本:850 mm×1 168 mm 1/16　印张:10　字数:242 千

书　　号:ISBN 978-7-113-26581-6

定　　价:33.00 元

前　言

物联网是我国重点发展的战略新兴产业,人才缺口很大。为了加快物联网产业实用型技能人才的培养,国家相继在高职和中职开设了物联网相关专业,而在进行物联网相关专业建设的同时,必须要做好配套教材的建设。本书就是为中高职物联网相关专业学生提供专业入门的教材。

本书由上海企想信息技术有限公司提供技术资料,由长期从事职业院校计算机相关专业教学和科研的双师型教师、指导技能大赛的教师和物联网相关行业企业的工程师联合编写,具有理论结合实际、知识点层层递进的编写特点,并且通俗易懂,让读者学习时能由浅入深地进入物联网的世界,了解物联网,为进一步学习物联网应用技术打下坚实的基础。

本书包括 10 个单元,主要内容包括:物联网认知、物联网体系结构与标准、传感技术概述、物联网无线传输技术、物联网安全、物联网应用、物联网感知层环境搭建、物联网感知层数据采集、物联网感知层设备控制、物联网感知层通信协议。

本书由李欣、李雅蓉任主编,白震、韩美英任副主编,参加编写的还有王建中、温玉虎、张华伟、李威、冯阳明,全书由李欣统稿。

由于编者水平有限,书中难免存在疏漏和不妥之处,欢迎各位专家、老师和广大读者提出宝贵意见和建议。

编　者
2019 年 12 月

目 录

单元 ① 物联网认知

物联网(Internet of Things),通俗地讲就是万物互联,其本质是在互联网的基础上通过信息传感设备使人与物、物与物连接的网络;用户端延伸和扩展到了任何物品与物品之间,进行信息交换和通信,以实现智能化识别和管理。本单元概括性地介绍了物联网的产生与发展、物联网的相关概念与关键技术、物联网的特点与分类,并对物联网应用领域做了简要介绍。

学习目标

- 了解物联网的起源、发展与应用。
- 理解物联网的相关概念。
- 掌握物联网的特点及其分类。
- 熟悉物联网系统涉及的关键技术。

单元知识结构

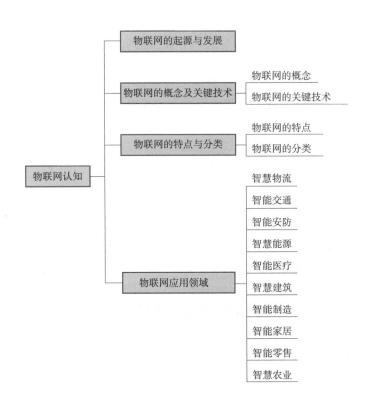

1.1　物联网的起源与发展

物联网并不是一个近几年才出现的新名词,早在1982年就有了类似的概念。卡内基梅隆大学改装的可口可乐贩卖机,是第一个互联网连接的应用,能够报告库存和新装的饮料是不是凉的。

Mark Weiser 1991年在论文《21世纪的计算机》当中,提出了当代物联网的设想,UbiComp和PerCom等学术机构也有类似的观点。Reza Raji在1994年IEEE Spectrum中,提出了"将小数据包传输到一大组节点,从而整合从家用电器到整个工厂设备的所有物体"的概念。

1993—1996年间,有几家公司提出了解决方案,像微软的At Work及Novell的NEST。虽然有了概念,但是直到1999年,这个领域才开始聚集起来。Bill Joy设想了设备到设备(D2D)的通信,是其在1999年达沃斯世界经济论坛上提出的"六个网络"框架的一部分。

经过麻省理工学院的Auto-ID中心和相关的市场分析出版物大力推介,物联网的概念在1999年开始流行起来。Kevin Ashton(原Auto-ID中心的创始人之一)将射频识别(RFID)视为当时物联网的先决条件:如果日常生活中的所有物体和人都配备了标识符,计算机可以管理和清点它们。除了使用RFID之外,还可以通过近场通信、条形码、QR码和数字水印等技术来实现标签的贴标。

2005年11月在突尼斯举行的信息社会世界峰会(WSIS)上,国际电信联盟(ITU)发布了《ITU互联网报告2005:物联网》,报告指出,无所不在的"物联网"通信时代即将来临,世界上所有的物体——从轮胎到牙刷、从房屋到纸巾,都可以通过因特网主动进行交换。射频识别技术、传感器技术、纳米技术、智能嵌入技术将得到更加广泛的应用。

2008年11月,IBM提出"智慧地球"的概念,即"互联网+物联网=智慧地球",并以此作为经济振兴的发展战略。如果在基础建设过程中,植入"智慧"的理念,不仅能够在短期内有力地刺激经济、促进就业,而且能够在短时间内打造一个成熟的智慧基础设施平台。

2009年6月,欧盟委员会针对"物联网行动方案",明确表示将在技术层面给予大量资金支持,在政府管理层面将提出与现有法规相适应的网络监管方案。

2009年8月,温家宝总理在无锡考察传感网产业发展时明确指示要早一点谋划未来,早一点攻破核心技术,并且明确要求尽快建立中国的传感信息中心,或者叫"感知中国"中心。

目前,经国家标准化管理委员会批准,全国信息技术标准化技术委员会组建了传感器网络标准工作组,标准工作组现聚集了中国科学院、中国移动通信集团公司等国内传感网主要的技术和应用单位。

物联网产业是各国政府寻求拯救实体经济的良方之一,是"互联网时代"后最有希望开创新时代的新兴技术,更是一种新兴的发展模式。物联网一方面可以提高经济效益,大大降低商业投资成本;另一方面可以为全球经济的复苏提供技术支持。目前,美国、欧盟等都在投入巨资深入探索物联网,我国也高度重视物联网的发展。

1.2　物联网的概念及关键技术

1.2.1　物联网的概念

物联网是新一代信息技术的重要组成部分,也是信息化时代的重要发展阶段。其英文名称是

Internet of Things（IoT），顾名思义，物联网就是物物相连的互联网，如图 1-1 所示。

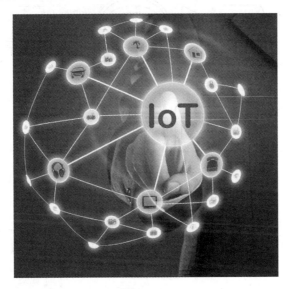

图 1-1　物物相连的互联网

这有两层意思：其一，物联网的核心和基础仍然是互联网，是在互联网基础上延伸和扩展的网络；其二，其用户端延伸和扩展到了任何物品与物品之间，进行信息交换和通信，也就是物物相息。物联网通过智能感知、识别技术与普适计算等通信感知技术，广泛应用于网络的融合中，也因此被称为继计算机、互联网之后世界信息产业发展的第三次浪潮。

物联网是通过射频识别、红外感应器、全球定位系统、激光扫描器等信息传感设备，按约定的协议，把任何物品与互联网相连接，进行信息交换和通信，以实现对物品的智能化识别、定位、跟踪、监控和管理的一种网络。

1.2.2　物联网的关键技术

智能化时代的到来，智能科技热潮的发展趋势都指出物联网会是下一个技术应用发展的关键。越来越多的人将目光集中在了智能科技物联网之上，那么想要从事物联网行业需要了解哪些主要的技术呢？下面具体介绍。

1. 射频识别技术

无线射频识别即射频识别技术（Radio Frequency Identification，RFID），是自动识别技术的一种，通过无线射频方式进行非接触双向数据通信，利用无线射频方式对记录媒体（电子标签或射频卡）进行读写，从而达到识别目标和数据交换的目的，其被认为是 21 世纪最具发展潜力的信息技术之一。

如图 1-2 所示，完整的 RFID 系统由阅读器（Reader）、电子标签（Tag）和资料管理系统三部分组成。其原理为阅读器与标签之间进行非接触式的数据通信，达到识别目标的目的。RFID 的应用非常广泛，目前典型应用有动物晶片、汽车晶片防盗器、门禁管制、停车场管制、生产线自动化、物料管理。

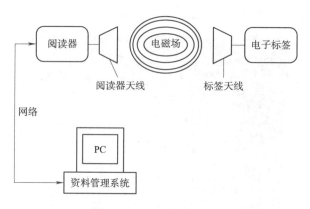

图 1-2　RFID 系统组成

RFID 技术的基本工作原理并不复杂：标签进入阅读器后，接收阅读器发出的射频信号，凭借感应电流所获得的能量发送出存储在芯片中的产品信息（Passive Tag，无源标签或被动标签），或者由标签主动发送某一频率的信号（Active Tag，有源标签或主动标签），阅读器读取信息并解码后，送至中央信息系统进行有关数据处理。

射频识别技术能够被广泛地应用到多个产业和领域，必然有其"过人之处"。就其外在表现形式来讲，射频识别技术的载体一般都是要具有防水、防磁、耐高温等特点，保证射频识别技术在应用时具有稳定性。就其使用来讲，射频识别在实时更新资料、存储信息量、使用寿命、工作效率、安全性等方面都具有优势。射频识别能够在减少人力、物力、财力的前提下，更便利地更新现有的资料，使工作更加便捷；射频识别技术依据计算机等对信息进行存储，最大可达数兆字节，可存储信息量大，保证工作的顺利进行；射频识别技术的使用寿命长，只要工作人员在使用时注意保护，它就可以重复使用；射频识别技术改变了从前对信息处理的不便捷，实现了多目标同时被识别，大大提高了工作效率；射频识别同时设有密码保护，不易被伪造，安全性较高。与射频识别技术相类似的技术是传统的条形码技术，传统的条形码技术在更新资料、存储信息量、使用寿命、工作效率、安全性等方面都较射频识别技术差，不能很好地适应我国当前社会发展的需求，也难以满足产业以及相关领域的需要。

2. 传感器技术

传感器作为信息获取的重要手段，同计算机技术与通信技术一起被称为信息技术的三大支柱。传感器一般由敏感元件、转换元件、变换电路和辅助电源四部分组成。物联网整个架构可分为三层，即应用层、网络层和感知层。其中，感知层负责信息采集和物物之间的信息传输，信息采集技术包括传感器、条形码和二维码、RFID 射频技术，音视频等多媒体信息技术；信息传输技术包括远近距离数据传输技术、自组织组网技术、协同信息处理技术、信息采集中间件技术等。感知层是实现物联网全面感知的核心层，是物联网中的关键技术之一。

作为物联网的"触手"，传感器对于当今信息时代有着至关重要的作用，它是物联网中不可缺少的信息采集手段。目前，传感器更是渗透到了工业生产、环境保护、生物工程、医疗检测等多行业多领域之中，并日益趋向智能化、微型化、数字化。其技术难点在于恶劣环境的考验，受到自然环境中温度等因素的影响，会引起传感器零点漂移和灵敏度的变化。同时，传感器的安装方法也要注意，需考虑如何克服横向力等问题。

3. 嵌入式系统技术

物联网是基于互联网的嵌入式系统。嵌入式系统早期经历过电子技术领域独立发展的单片机时代,进入 21 世纪,才进入多学科支持下的嵌入式系统时代。从诞生之日起,嵌入式系统就以"物联"为己任,具体表现为:嵌入物理对象中,实现物理对象的智能化。目前的很多嵌入式系统,只要能提升系统设备的网络通信能力和加入智能信息处理的技术,都可以应用于物联网。

如果把物联网用人体做一个简单比喻,传感器相当于人的眼睛、鼻子、皮肤等感官;网络就相当于人的神经系统,用来传递信息;嵌入式系统则是人的大脑,在接收到信息后要进行分类处理。嵌入式系统技术的重要性不言而喻。

4. 云计算技术

云计算技术是物联网涵盖的技术范畴之一。云计算是一种灵活的 IT 资源组织和提供方式。支持分布式存储和并行处理,其数据处理框架为以本地计算方式处理大部分数据而无须大量远程传输这些数据。

随着物联网的发展,未来物联网将势必产生海量数据,而传统的硬件架构服务器将很难满足数据管理和处理要求,如果将云计算运用到物联网的传输层和应用层,采用云计算的物联网,将会在很大程度上提高运作效率。可以说,如果将物联网比作一台主机的话,云计算就是它的 CPU 了。

云计算是使计算分布在大量的分布式计算机上,意味着计算能力也可以作为一种商品进行流通,就像煤气、水电一样,取用方便,费用低廉。我们经常使用的百度搜索功能就是其应用之一。

1.3　物联网的特点与分类

1.3.1　物联网的特点

目前,物联网应用领域众多,如图 1-3 所示,具有以下三个重要特点。

图 1-3　物联网应用领域

1. 实时性

物联网是各种感知技术的广泛应用。物联网上部署了海量的多种类型传感器,每个传感器都是一个信息源,不同类别的传感器所捕获的信息内容和信息格式不同。传感器获得的数据具有实时性,按一定的频率周期性地采集环境信息,不断更新数据。

2. 泛在性

物联网是一种建立在互联网上的泛在网络。物联网技术的重要基础和核心仍旧是互联网,通过各种有线和无线网络与互联网融合,将物体的信息实时准确地传递出去。在物联网上的传感器定时采集的信息需要通过网络传输,由于其数量极其庞大,形成了海量信息,在传输过程中,为了保障数据的正确性和及时性,必须适应各种异构网络和协议。

3. 智能性

物联网不仅提供了传感器的连接,其本身也具有智能处理的能力,能够对物体实施智能控制。物联网将传感器和智能处理相结合,利用云计算、模式识别等各种智能技术,扩充其应用领域。从传感器获得的海量信息中分析、加工和处理有意义的数据,以适应不同用户的不同需求,发现新的应用领域和应用模式。

1.3.2 物联网的分类

物联网类型有四种,分别是私有物联网(Private IoT)、公有物联网(Public IoT)、社区物联网(Community IoT)、混合物联网(Hybrid IoT)。

- 私有物联网:一般表示单一机构内部提供的服务,多数用于机构内部的内网中,少数用于机构外部。
- 公有物联网:是基于互联网向公众或大型用户群体提供服务的一种物联网。
- 社区物联网:可向一个关联的"社区"或机构群体提供服务,如公安局、交通局、环保局、城管局等。
- 混合物联网:是上述两种以上物联网的组合,但后台有统一的运营维护实体。

1.4 物联网应用领域

1.4.1 智慧物流

智慧物流(见图1-4)是新技术应用于物流行业的统称,指的是以物联网、大数据、人工智能等信息技术为支撑,在物流的运输、仓储、包装、装卸、配送等各个环节实现系统感知、全面分析及处理等功能。智慧物流的实现能大大地降低各行业运输的成本,提高运输效率,提升整个物流行业的智能化和自动化水平。物联网应用于物流行业中,主要体现在三方面,即仓库储存、运输监测和智能快递柜。

- 仓库储存:通常采用基于 LoRa、NB-IoT 等传输网络的物联网仓库管理信息系统,完成收货入库、盘点调拨、拣货出库以及整个系统的数据查询、备份、统计、报表生产及报表管理等任务。
- 运输监测:实时监测货物运输中的车辆行驶情况以及货物运输情况,包括货物位置、状态环境以及车辆的油耗、油量、车速及制动次数等驾驶行为。
- 智能快递柜:将云计算和物联网等技术结合起来,实现快件存取和后台中心数据处理,通过RFID 或摄像头实时采集、监测货物收发等数据。

图 1-4　智慧物流

1.4.2　智能交通

交通被认为是物联网所有应用场景中最有前景的应用之一,而智能交通(见图 1-5)是物联网的体现形式。智能交通利用先进的信息技术、数据传输技术以及计算机处理技术等,通过将其集成到交通运输管理体系中,使人、车、路能够紧密配合,改善交通运输环境、保障交通安全以及提高资源利用率。行业内应用较多的场景为智能公交车、共享单车、汽车联网、智慧停车以及智能红绿灯等。

图 1-5　智能交通

● 智能公交车:结合公交车辆的运行特点,建设公交智能调度系统,对线路、车辆进行规划调度,实现智能排班。

● 共享单车:运用带有 GPS 或 NB-IoT 模块的智能锁,通过与 App 相连,实现精准定位、实时掌控车辆状态等。

● 汽车联网:利用先进的传感器及控制技术等实现自动驾驶或智能驾驶,实时监控车辆运行状态,降低交通事故发生率。

● 智慧停车:通过安装地磁感应连接进入停车场的智能手机,实现停车自动导航、在线查询车位等功能。

● 智能红绿灯:依据车流量、行人及天气等情况,动态调控灯信号来控制车流,提高道路承载力。

● 汽车电子标识:采用 RFID 技术,实现对车辆身份的精准识别、车辆信息的动态采集等功能。

● 充电桩:通过物联网设备,实现充电桩定位、充放电控制、状态监测及统一管理等功能。

● 高速无感收费:通过摄像头识别车牌信息,根据路径信息进行收费,提高通行效率、缩短车辆等候时间等。

1.4.3 智能安防

安防是物联网的一大应用市场。传统安防对人员的依赖性比较大,非常耗费人力,而智能安防(见图1-6)能够通过设备实现智能判断。目前,智能安防最核心的部分在于智能安防系统,该系统是对拍摄的图像进行传输与存储,并对其分析与处理。一个完整的智能安防系统主要包括三大部分,即门禁、报警和监控,行业中主要以视频监控为主。

图1-6 智能安防

由于采集的数据量足够大,且时延较低,因此目前城市中大部分的视频监控采用的是有线的连接方式,而对于偏远地区以及移动性的物体监控则采用的是4G等无线技术。

● 门禁系统:主要以感应卡式、指纹、虹膜以及面部识别等为主,有安全、便捷和高效的特点,能联动视频抓拍、远程开门、手机位置探测及轨迹分析等。

● 报警系统:主要通过报警主机进行报警,同时,部分研发厂商会将语音模块以及网络控制模块置于报警主机中,缩短报警反应时间。

● 监控系统:主要以视频为主,分为警用和民用市场。通过视频实时监控,使用摄像头进行抓拍记录,将视频和图片进行数据存储和分析,实时监测、确保安全。

1.4.4 智慧能源

智慧能源(见图1-7)属于智慧城市的一部分。当前,将物联网技术应用在能源领域,主要用于水、电、燃气等表计以及根据外界环境对路灯的远程控制等,基于环境和设备进行物体感知,通过监测,提高利用效率、减少能源损耗。根据实际情况,智慧能源分为四大应用场景:

● 智能水表:可利用先进的 NB-IoT 技术,远程采集用水量,以及提供用水提醒等服务。

● 智能电表:自动化、信息化的新型电表,具有远程监测用电情况并及时反馈等功能。

● 智能燃气表:通过网络技术,将用气量传输到燃气集团,无须入户抄表,且能显示燃气用量及用气时间等数据。

● 智慧路灯:通过搭载传感器等设备,实现远程照明控制以及故障自动报警等功能。

图 1-7　智慧能源

1.4.5　智能医疗

智能医疗(见图 1-8)的两大主要应用场景:医疗可穿戴和数字化医院。在智能医疗领域,新技术的应用必须以人为中心。而物联网技术是数据获取的主要途径,能有效地帮助医院实现对人的智能化管理和对物的智能化管理。对人的智能化管理指的是通过传感器对人的生理状态(如心跳频率、体力消耗、血压高低等)进行捕捉,将其记录到电子健康文件中,方便个人或医生查阅。对物的智能化管理,指的是通过 RFID 技术对医疗物品进行监控与管理,实现医疗设备、用品可视化。

● 医疗可穿戴:通过传感器采集人体及周边环境的参数,经传输网络传到云端,数据处理后,反馈给用户。

● 数字化医院:将传统的医疗设备进行数字化改造,实现了数字化设备远程管理、远程监控以及电子病历查阅等功能。

图 1-8　智能医疗

1.4.6 智慧建筑

物联网应用于建筑领域,主要体现在用电照明、消防监测以及楼宇控制等。建筑是城市的基石,技术的进步促进了建筑的智能化发展,物联网技术的应用,让建筑向智慧建筑(见图1-9)方向演进。智慧建筑越来越受到人们的关注,是集感知、传输、记忆、判断和决策于一体的综合智能化解决方案。当前的智慧建筑主要体现在用电照明、消防监测以及楼宇控制等,将设备进行感知、传输并远程监控,不仅能够节约能源,同时也能减少运维的楼宇人员。而对于古建筑,也可以进行白蚁(以木材为生的一种昆虫)监测,进而达到保护古建筑的目的。

图 1-9　智慧建筑

1.4.7 智能制造

物联网技术赋能制造业,实现工厂的数字化和智能化改造,即智能制造(见图1-10)。制造领域的市场体量巨大,是物联网的一个重要应用领域,主要体现在数字化以及智能化的工厂改造上,包括工厂机械设备监控和工厂的环境监控。工厂机械设备监控通过在设备上加装物联网装备,使设备厂商可以随时随地对设备进行远程监控、升级和维护等操作,更好地了解产品的使用状况,完成产品全生命周期的信息收集,指导产品设计和售后服务;而厂房的环境监控主要包括空气温湿度、烟感等情况。

图 1-10　智能制造

　　数字化工厂的核心特点是:产品的智能化、生产的自动化、信息流和物资流合一。目前,从世界范围看,还没有一家企业宣布建成一座完全数字化的工厂。近些年来,一些企业开始给行业内其他企业提供以生产环节为基础的数字化和智能化工厂改造方案。企业的数字化和智能化改造大体分成四个阶段:自动化产线与生产装备、设备联网与数据采集、数据的打通与直接应用、数据智能分析与应用。这四个阶段并不按照严格的顺序进行,各阶段也不是孤立的,边界较模糊。

1.4.8　智能家居

　　智能家居(见图1-11)指的是使用各种技术和设备来改变人们的生活方式,使家庭变得更舒适、安全。物联网应用于智能家居领域,能够对家居类产品的位置、状态、变化进行监测,分析其变化特征,同时根据人的需要,在一定的程度上进行反馈。

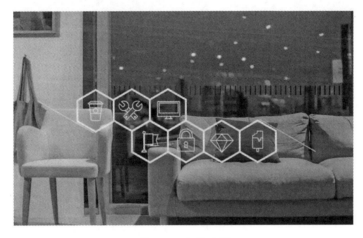

图 1-11　智能家居

　　智能家居行业发展主要分为三个阶段,即单品连接、物物联动和平台集成。其发展的方向是首先连接智能家居单品,随后走向不同单品之间的联动,最后向智能家居系统平台发展,进行统一的运营,当前,各个智能家居类企业正在从单品连接向物物联动的过渡阶段。

　　● 单品连接:这个阶段是将各个产品通过传输网络,如 Wi-Fi、蓝牙、ZigBee 等进行连接,对每个单品单独控制。

　　● 物物联动:目前,各个智能家居企业将自家的所有产品进行联网、系统集成,使得各产品间能联动控制,但不同的企业单品还不能联动。

　　● 平台集成:这是智能家居发展的最终阶段,根据统一的标准,使各企业单品能相互兼容,目前还没有发展到这个阶段。

1.4.9　智能零售

　　智能零售(见图1-12)依托于物联网技术,主要体现了两大应用场景,即自动售货机和无人便利店。行业内将零售按照距离,分为三种不同的形式:远场零售、中场零售、近场零售,三者分别以电商、商场/超市和便利店/自动售货机为代表。物联网技术可以用于近场和中场零售,且主要应用于近场零售,即无人便利店和自动(无人)售货机。

图 1-12　智能零售

智能零售通过将传统的售货机和便利店进行数字化升级、改造,打造无人零售模式。通过数据分析,并充分运用门店内的客流和活动,为用户提供更好的服务,为商家提供更高的经营效率。

● 自动售货机:自动售货机也称无人售货机,分为单品售货机和多品售货机,通过物联网平台进行数据传输、客户验证、购物车提交、到扣款回执。

● 无人便利店:采用 RFID 技术,用户仅需扫码开门,便可进行商品选购,关门之后系统会自动识别所选商品,并自动完成扣款结算。

1.4.10　智慧农业

智慧农业(见图 1-13)指的是利用物联网、人工智能、大数据等现代信息技术与农业进行深度融合,实现农业生产全过程的信息感知、精准管理和智能控制的一种全新的农业生产方式,可实现农业可视化诊断、远程控制以及灾害预警等功能。农业分为农业种植和畜牧养殖两个方面。农业种

图 1-13　智慧农业

植分为设施种植(温室大棚)和大田种植,主要包括播种、施肥、灌溉、除草以及病虫害防治等五个部分,以传感器、摄像头和卫星等收集数据,实现数字化和智能机械化发展。当前,数字化的实现多以数据平台服务来呈现,而智能机械化以农机自动驾驶为代表。畜牧养殖主要是将新技术、新理念应用在生产中,包括繁育、饲养以及疾病防疫等,并且应用类型较少,因此用"精细化养殖"定义整体畜牧养殖环节。

单 元 小 结

本单元介绍了物联网的起源与发展、物联网概念及涉及的关键技术、物联网的特点及分类、物联网应用领域等内容。通过本单元的学习,可以对物联网有关的内容有一个初步的了解,为后面的学习打下坚实的基础。

思考与练习

一、简答题

1. 什么是物联网?

2. 什么是物联网中的关键技术?

二、填空题

1. 列出五种物联网应用领域_____、_____、_____、_____、_____。

2. 列举生活中三个智能交通应用场景_____、_____、_____。

三、实践题

1. 谈谈物联网目前的局限性。

2. 描述 RFID 和传感器的不同技术特点。

单元② 物联网体系结构与标准

物联网的体系结构主要分为三层:感知层、网络层和应用层。物联网标准着重介绍了物联网标准制定的意义和作用,以及现状分析。

学习目标

- 了解物联网的基本特征。
- 理解物联网标准的意义。
- 掌握物联网的体系结构。

单元知识结构

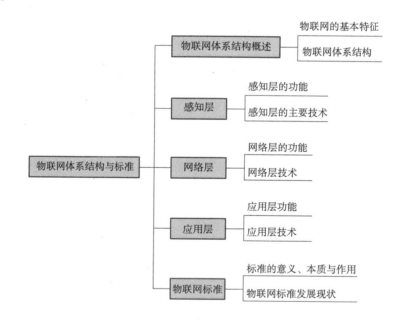

2.1 物联网体系结构概述

物联网系统涉及通信、计算机软件、网络和微电子等较多技术领域,因此对物联网体系结构有不同的划分方法与结果,本书将之划分为感知层、网络层、应用层三层体系结构。

2.1.1 物联网的基本特征

物联网应该具备下述基本特征：

1. 全面感知

全面感知是指利用 RFID、传感器、二维码等随时随地获取物体信息。

2. 可靠传递

可靠传递是指通过各种通信网络与互联网的融合,将物体的信息实时准确地传递出去。

3. 智能处理

智能处理是指利用云计算、模糊识别等各种智能计算技术,对海量数据和信息进行分析和处理,对物体实施智能化的控制。

2.1.2 物联网体系结构

物联网体系结构分为三层,底层是用来感知数据的感知层,第二层是网络层,最上面则是内容应用层。物联网的各层次之间相对独立又紧密联系,如图 2-1 所示。

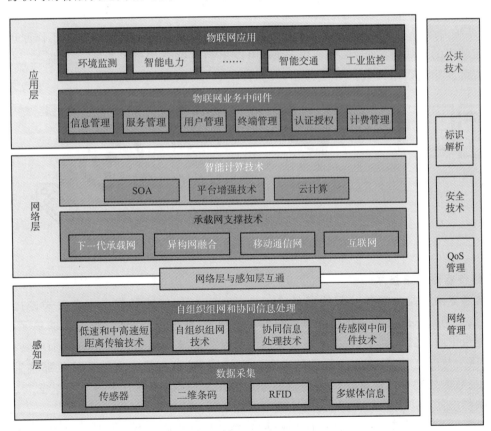

图 2-1 物联网体系结构

2.2 感 知 层

2.2.1 感知层的功能

感知层的功能是识别物体和采集数据。

对我们人类而言,是利用五官和皮肤,通过视觉、味觉、嗅觉、听觉和触觉感知外部世界。而感知层就是物联网的五官和皮肤,用于识别外界物体和采集信息。感知层解决的是人类世界和物理世界的数据获取问题。它首先通过传感器、数码照相机等设备,采集外部物理世界的数据,然后通过 RFID、条形码、工业现场总线、蓝牙、红外等短距离传输技术对数据的协同信息处理的过程。

2.2.2 感知层的主要技术

感知层涉及的主要技术有 RFID 技术、无线传感器网络技术、短距离无线通信技术,其中还包含芯片研发、通信协议研究、RFID 材料等等细分技术。

1. RFID 技术

RFID 系统由读写器、电子标签、微型天线和数据管理系统组成。如图 2-2,其工作原理是读写器发射一特定频率的无线电波能量,形成电磁场,用以驱动电路将内部的数据送至标签,此时读写器便依序接收解读标签数据,送给 PC 端做相应的处理。

图 2-2 RFID 系统工作原理

2. 无线传感器网络技术

无线传感器网络是一项通过无线通信技术把数以万计的传感器节点以自由式进行组织与结合,进而形成的网络形式。构成传感器节点的单元分别为:数据采集单元、数据传输单元、数据处理单元以及能量供应单元。其中,数据采集单元通常都是采集监测区域内的信息并加以转换,比如光强度、大气压力与湿度等;数据传输单元则主要以无线通信、交流信息及发送接收那些采集来的数据信息为主;数据处理单元通常处理的是全部节点的路由协议、管理任务及定位装置等;能量供应单元为缩减传感器节点占据的面积,会选择微型电池的构成形式。

如图 2-3 所示,环境信息收集的智能传感网络,感知层由配电网智能传感器和网关单元组成,智能传感器感知信息,并自行组网将数据传递至上层网关单元,由网关将收集到的感应数据通过公共移动通信网络(网络层)提交至后台处理。

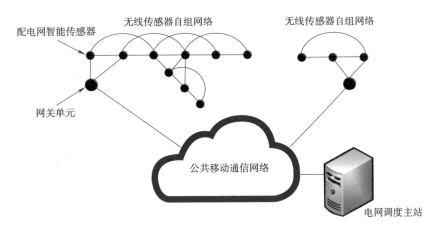

图 2-3　自组网多跳方式物联网

相较于传统式的网络和其他传感器,无线传感器网络有以下特点:

(1)组建方式自由。无线传感器的组建不受任何外界条件的限制,组建者无论在何时何地,都可以快速地组建起一个功能完善的无线传感器网络,组建成功之后的维护管理工作也完全在网络内部进行。

(2)网络拓扑结构的不确定性。从网络层次的方向来看,无线传感器的网络拓扑结构是变化不定的,例如构成网络拓扑结构的传感器节点可以随时增加或者减少,网络拓扑结构图可以随时被分开或者合并。

(3)控制方式不集中。虽然无线传感器网络把基站和传感器的节点集中控制了起来,但是各个传感器节点之间的控制方式还是分散式的,路由和主机的功能由网络的终端实现,各个主机独立运行,互不干涉,因此无线传感器网络的强度很高,很难被破坏。

(4)安全性不高。无线传感器网络采用无线方式传递信息,因此传感器节点在传递信息的过程中很容易被外界入侵,从而导致信息的泄露和无线传感器网络的损坏,大部分无线传感器网络的节点都是暴露在外的,这大大降低了无线传感器网络的安全性。

2.3　网　络　层

网络层位于物联网三层结构中的第二层,其功能为"传送",即通过通信网络进行信息传输。网络层作为纽带连接着感知层和应用层,它由各种私有网络、互联网、有线和无线通信网等组成,相当于人的神经中枢系统,在物联网中占据重要地位。

2.3.1　网络层的功能

在物联网的三层体系架构中,网络层主要实现信息的传送和通信,又包括接入层和核心层。网络层可依托公众电信网和互联网,也可以依托行业专业通信网络,还可同时依托公众网和专用网。同时,网络层承担着可靠传输的功能,即通过各种通信网络与互联网的融合,将感知的各方面信息,随时随地进行可靠交互和共享,并对应用和感知设备进行管理和鉴权。由此可见网络层在物联网中重要的地位。网络层主要包括接入网络、传输网、核心网、业务网、网管系统和业务支撑系统。随着物联网技术和标准的不断进步和完善,物联网的应用会越来越广泛,政府部门、电力、环境、物流等关系到人们生活方方面面的应用都会加入到物联网中,到时,会有海量数据通过网络层传输到计算中心,因此,物联网的网络层必须要有大的吞吐量以及较高的安全性。

2.3.2 网络层技术

网络层又称为传输层,包括接入层、汇聚层和核心交换层。

1. 接入层

接入层相当于计算机网络的物理层和数据链路层,RFID 标签、传感器与接入层设备构成了物联网感知网络的基本单元。接入层网络技术分为无线接入和有线接入:无线接入有无线局域网、移动通信及 M2M 通信;有线接入有现场总线、电力线接入、电视电缆和电话线。

2. 汇聚层

汇聚层位于接入层和核心交换层之间,进行数据分组汇聚、转发和交换;进行本地路由、过滤、流量均衡等。汇聚层技术也分为无线接入和有线接入:无线接入包括无线局域网、无线城域网、移动通信、M2M 通信和专用无线通信等;有线接入包括局域网、现场总线等。

3. 核心交换层

核心交换层为物联网提供高速,安全和具有服务质量保障能力的数据传输。可以为 IP 网、非 IP 网、虚拟专网或者它们之间的组合。

2.4 应 用 层

应用层位于物联网三层结构中的最顶层,其功能为"处理",即通过云计算平台进行信息处理。应用层与最低端的感知层一起,是物联网的显著特征和核心所在,应用层可以对感知层采集的数据进行计算、处理和知识挖掘,从而实现对物理世界的实时控制、精确管理和科学决策。

2.4.1 应用层功能

物联网应用层的核心功能围绕两个方面:一是"数据",应用层需要完成数据的管理和数据的处理;二是"应用",仅仅管理和处理数据还远远不够,必须将这些数据与各行业应用相结合。例如在智能电网中的远程电力抄表应用:安置于用户家中的读表器就是感知层中的传感器,这些传感器在收集到用户用电的信息后,通过网络发送并汇总到发电厂的处理器上。该处理器及其对应工作就属于应用层,它将完成对用户用电信息的分析,并自动采取相关措施。

2.4.2 应用层技术

1. 中间件技术

软件是物联网的灵魂,而中间件则是软件的核心。中间件是一类连接软件组件和应用的计算机软件,它包括一组服务,以便于运行在一台或多台机器上的多个软件通过网络进行交互。

中间件在操作系统、网络和数据库之上,应用软件的下层,总的作用是为处于自己上层的应用软件提供运行与开发的环境,帮助用户灵活、高效地开发和集成复杂的应用软件。在众多关于中间件的定义中,比较普遍被接受的是 IDC 表述的:中间件是一种独立的系统软件或服务程序,分布式应用软件借助这种软件在不同的技术之间共享资源,中间件位于客户机服务器的操作系统之上,管理计算资源和网络通信。

2. 云计算

云计算是一种基于互联网的计算方式,物联网为了实现规模化和智能化的管理和应用,对数据信息的采集和智能处理提出了较高的要求。云计算的规模大、标准化、较高的安全性等优势能够满足物联网的发展需求。云计算通过利用其规模较大的计算集群和较高的传输能力,能有效地促进物联网基层传感数据的传输和计算。云计算的标准化技术接口能使物联网的应用更容易建设和推广。云计算技术的高可靠性和高扩展性为物联网提供了更为可靠的服务。

2.5　物联网标准

2.5.1　标准的意义、本质与作用

标准的是经过协商一致确立的、并由公认机构核准的文件。

从物联网架构的角度来看,未来物联网的标准将在其中发挥着极其重要的作用。

首先,通过标准,可以使参与其中的各种物品、个人、公司、企业、团体以及机构方便地实现标准技术,使用物联网的应用,享受物联网的建设成果和便利条件,而且可以在各个国家、地区和国际组织之间起到不可替代的协调作用。

其次,通过标准,可以促进未来的物联网解决方案市场的竞争性,增进各种技术解决方案之间的互操作能力,同时避免和限制垄断的形成,保证基于物联网开放基础平台的解决方案提供商可以不受限制地、平等地向他们的用户提供各种各样、丰富精彩的应用与服务,从而保障任何个人以及组织可以享受这样一个富含竞争力的市场所带来的各种实惠。

同时,通过标准,可以允许参与物联网的个人和组织,在他们进行信息共享与数据交换时,高效地完成所需的工作,最大限度地减少和避免所交换信息的意义产生歧义的可能性。

最后,随着全球/全局信息生成和信息收集基础设施的逐步建立,国际质量和诚信体系标准将变得至关重要。我们要保证这些标准可以在全球范围内顺利地部署到位。

2.5.2　物联网标准发展现状

总体来说,物联网标准工作还处于起步阶段,目前各标准组织自成体系,标准内容涉及架构、传感、编码、数据处理、应用等,不尽相同。各标准组织都比较重视应用方面的标准制定。在智能测量、城市自动化、汽车应用、消费电子应用等领域均有相当数量的标准正在制定中,这与传统的计算机和通信领域的标准体系有很大不同(传统的计算机和通信领域标准体系一般不涉及具体的应用标准),这也说明了"物联网是由应用主导的"观点在国际上已成为共识。

我们不难发现,"物联网"这个让许多人琢磨不定的概念的背后,是有着具体的体系结构和技术支持的,而这些技术和体系有着广泛的应用背景。可见,物联网显著的特点是技术集成,应用为本。

单 元 小 结

本单元介绍了物联网的三层体系结构,即感知层、网络层和应用层,并随每一层的功能和主要

技术做了较详细的介绍。

感知层处于物联网体系结构的最底层,主要用于采集温度、湿度、压强等各类物理量、物品标识、音频和视频等数据。感知层涉及的主要技术有 RFID 技术、无线传感器网络等技术。

网络层分三层,包括接入层、汇聚层和核心交换层。由各种网络,包括互联网、广电网、网络管理系统和云计算平台等组成,是整个物联网的中枢,负责传递和处理感知层获取的信息。利用因特网技术、工业以太网技术、无线通信技术及 M2M 技术,将感知到的信息实时、无障碍、可靠、安全地进行传送,需要传感器网络与移动通信技术、互联网技术相融合。

应用层主要是将物联网技术与行业专业系统结合,实现广泛的物物互联的应用解决方案,主要包括业务中间件和行业应用领域。应用层的主要技术有中间件技术和云计算技术。

思考与练习

一、简答题

1. 说明感知层的主要功能与主要技术。

2. 说明网络层的主要功能与主要技术。

3. 说明应用层的主要功能与主要技术。

二、填空题

1. 物联网具备的三个基本特征是_____,_____,_____。

2. 物联网的三层体系结构分为_____、_____、_____。

三、实践题

说明制定物联网标准的意义、本质与作用。

单元③ 传感技术概述

传感技术是物联网的关键技术之一。物联网的基础就是各种各样的传感器。传感器是一种检测装置,能感受到被测量的信息,并能将检测感受到的信息,按一定规律变换为电信号或其他形式的信息输出,以满足信息的传输、处理、存储、显示、记录和控制等需求。它是实现自动检测和自动控制的首要环节,无线传感器网络是传感器的重要应用。

学习目标

- 了解传感器的概念、组成、分类及特点。
- 理解传感技术平台支撑及无线传感器网络支撑技术。
- 掌握无线传感器网络的特点及应用领域。

单元知识结构

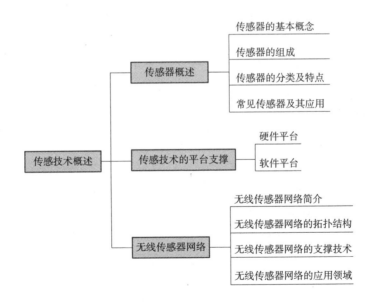

3.1 传感器概述

3.1.1 传感器的基本概念

传感器(Transducer/Sensor)是一种检测装置,能感受到被测量的信息,并能将感受到的信息按一定规律变换成为电信号或其他所需形式的信息输出,以满足信息的传输、处理、存储、显示、记录和控制等要求。传感器是获取信息的工具,俗称探头,有时也被称为转换器、变换器、探测器,如图3-1所示。

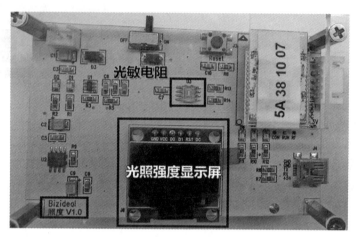

图 3-1　传感器

国家标准 GB/T 7665—2005《传感器通用术语》对传感器下的定义是:"能感受规定的被测量并按照一定的规律(数学函数法则)转换成可用信号的器件或装置,通常由敏感元件和转换元件组成。"

中国物联网校企联盟认为:"传感器的存在和发展,让物体有了触觉、味觉和嗅觉等感官,让物体慢慢变得活了起来。"

"传感器"在《新编韦氏大词典》中定义为:"从一个系统接收功率,通常以另一种形式将功率送到第二个系统中的器件。"

3.1.2　传感器的组成

传感器一般由敏感元件、转换元件、变换电路和辅助电源四部分组成,如图3-2所示。敏感元件感受到被测量信息;转换元件将响应的二倍测量信息转换成电参量;变换电路将电参量接入电路转换成电量。传感器的核心部分是转换电路,它决定了传感器的工作原理。

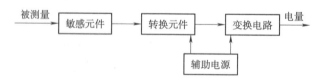

图 3-2　传感器组成

3.1.3　传感器的分类及特点

目前,对传感器尚无统一的分类方法,但比较常用的有如下三种:

(1)按传感器的物理量分类,可分为位移、力、速度、温度、流量、气体成分等传感器。

（2）按传感器的工作原理分类,可分为电阻式、电容式、电感式、电压式、霍尔式等传感器。

（3）按传感器输出信号的性质分类,可分为输出为开关量("1"和"0"或"开"和"关")的开关型传感器、输出为模拟信号的模拟型传感器,输出为脉冲或代码的数字型传感器。

传感器是实现自动检测和自动控制的首要环节,其特点表现为微型化、数字化、智能化、多功能化、系统化及无线网络化。

1. 微型化

微型化是建立在微机电系统(Micro-Electro-Mechanical System,MEMS)技术基础上的,传感器主要由硅材料构成,具有体积小、质量小、反应快、灵敏度高以及成本低等优点。

2. 数字化

数字化就是将许多复杂多变的信息转变为可以度量的数字、数据,再以这些数字、数据建立起适当的数字化模型,把它们转变为系列进制代码,引入计算机内部,进行统一处理。

3. 智能化

智能化是通过模拟人的感官和大脑的协调动作,结合长期以来测试技术的研究和实际经验而提出来的。这是一个相对独立的智能单元,它的出现对原来硬件性能的苛刻要求有所减轻,而靠软件帮助可以使传感器的性能大幅度提高。

4. 多功能化

多功能化无疑是当前传感器技术发展中一个全新的研究方向,目前,有许多学者正在积极从事于该领域的研究工作。

5. 系统化

系统化促进了传统产业的改造和更新换代,而且还可能建立新型工业,从而成为 21 世纪新的经济增长点。

6. 无线网络化

无线网络对人们来说并不陌生,比如手机、无线上网等。无线传感器网络(Wireless Sensor Networks,WSN)的主要组成部分就是一个个小巧的传感器节点。

当前技术水平下的传感器系统正向着微型化、智能化、多功能化和网络化的方向发展。今后,随着 CAD 技术、MEMS 技术、信息理论及数据分析算法的发展,传感器系统必将变得更加微型化、综合化、多功能化、智能化和系统化。在各种新兴科学技术呈辐射状广泛渗透的当今社会,作为现代科学"耳目"的传感器系统,已成为人们快速获取、分析和利用有效信息的基础,必将进一步得到社会各界的普遍关注。

3.1.4　常见传感器及其应用

1. 温度传感器

温度传感器是指能感受温度并转换成可用输出信号的传感器,如图 3-3 所示。温度传感器是温度测量仪表的核心部分,品种繁多。按测量方式可分为接触式和非接触式两大类,按照传感器材料及电子元件特性分为热电阻和热电偶两类。

2. 称重传感器

称重传感器实际上是一种将质量信号转变为可测量的电信号输出的装置,如图3-4所示。选用传感器应先要考虑传感器所处的实际工作环境,这点对正确选用称重传感器至关重要,它关系到传感器能否正常工作以及它的安全和使用寿命,乃至整个传感器的可靠性和安全性。称重传感器主要有 S 型、悬臂型、轮辐式、板环式、膜盒式、桥式、柱筒式等几种样式。

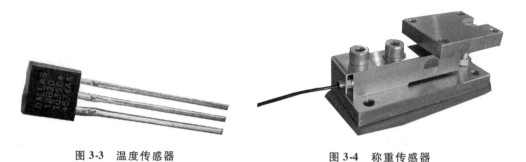

图 3-3   温度传感器   图 3-4   称重传感器

3. 拉力传感器

拉力传感器又称电阻应变式传感器,隶属于称重传感器系列,如图3-5所示,是一种将物理信号转变为可测量的电信号输出的装置,它使用两个拉力传递部分传力,在其结构中含有力敏器件和两个拉力传递部分,在力敏器件中含有压电片、压电片垫片,后者含有基板部分和边缘传力部分。

4. 压力传感器

压力传感器是将压力转换为电信号输出的传感器,如图3-6所示。通常把压力测量仪表中的电测式仪表称为压力传感器。压力传感器一般由弹性敏感元件和位移敏感元件(或应变计)组成。弹性敏感元件的作用是使被测压力作用于某个面积上并转换为位移或应变,然后由位移敏感元件或应变计转换为与压力成一定关系的电信号。有时把这两种元件的功能集于一体。压力传感器广泛应用于各种工业自控环境,涉及水利水电、铁路交通、智能建筑、生产自控、航空航天、军工、石化、油井、电力、船舶、机床、管道等众多行业。

图 3-5   拉力传感器   图 3-6   压力传感器

5. 电阻式传感器

电阻式传感器是以电阻应变计为转换元件的传感器,如图 3-7 所示。电阻式传感器由弹性敏感元件、电阻应变计、补偿电阻和外壳组成,可根据具体测量要求设计成多种结构形式。弹性敏感元件受到所测量的力而产生变形,并使附着其上的电阻应变计一起变形。电阻应变计再将变形转换为电阻值的变化,从而可以测量力、压力、扭矩、位移、加速度和温度等多种物理量。

6. 电容式传感器

电容式传感器是以各种类型的电容器作为传感元件,将被测物理量或机械量转换成为电容量变化的一种转换装置,实际上就是一个具有可变参数的电容器,如图 3-8 所示。电容式传感器广泛用于位移、角度、振动、速度、压力、成分分析、介质特性等方面的测量,最常用的是平行板型电容器或圆筒型电容器。

图 3-7 电阻式传感器   图 3-8 电容式传感器

7. 霍尔式传感器

霍尔式传感器是基于霍尔效应的一种传感器。1879 年,美国物理学家霍尔首先在金属材料中发现了霍尔效应。但是由于金属材料的霍尔效应太弱而没有得到应用。随着半导体技术的发展,开始用半导体材料制作霍尔元件,由于其霍尔效应显著而得到应用和发展。霍尔式传感器是一种当交变磁场经过时产生输出电压脉冲的传感器。脉冲的幅度是由激励磁场的场强决定的。因此,霍尔式传感器不需要外界电源供电,如图 3-9 所示。

图 3-9 霍尔式传感器

3.2 传感技术的平台支撑

3.2.1 硬件平台

1. 供能装置

通常传感器的节点供电是使用独立电池供电的,这样一来节点部署就会更加容易。除了使用电池供电之外,节点还可以使用再生的一些能源,譬如太阳能、风能等。使用可再生能源的关键技术是如何存储能量,一般来说有两种常用技术:其一是使用充电电池,其主要优点是自放电较少,电能的利用率较高,主要缺点是充电的效率较低,而且电池的充电次数是有限的,也就是电池本身就有生命周期;其二是使用比较新的超电容技术,超电容的主要优点是充电效率非常高,充电次数可以达到 100 万次,且不易受温度、震动等外在因素影响,但使用超电容最大的挑战是电容自放电很大,尤其是在接近满电容的时候。因此,需要设计能量自适应的机制以确保节点在两次充电之间能够正常工作。

2. 传感器

随着传感技术的发展,有很多传感器可供节点平台使用,如光传感器、温度传感器、湿度传感器、CO_2 传感器等。使用哪种传感器往往由具体需求及传感器特性决定。整个通信过程是:由处理器通过模拟信号或者数字信号与传感器进行数据交互。每种类型的传感器在设计中就提供了相应数字化的接口,因此处理器可以通过相关通信手段访问接口取得对应的数字量,简化了传感器和处理器之间的交互。

3. 微处理器

微处理器是无线传感节点中负责运算的核心处理器。目前,这种微处理器芯片集成了内存、闪存、模/数转换器、数字 I/O 等,这种深度集成的特征使其非常适合在无线传感器网络中使用。下面具体分析影响节点工作整体性能的几个微处理器的关键特性。

(1)功耗特性。微处理器的功耗特性直接决定了无线传感器网络的生命周期。传感节点一般是周期性地处理数据,其他大部分时间处于休眠的状态,因此处理器休眠状态的能耗对整个节点的生命周期起着关键作用。

(2)唤醒时间。唤醒时间是反应微处理器响应速度的重要体现,处理器从休眠状态进入工作状态需要花费的时间越短,进行状态切换的速度就越流畅。

(3)供电电压。传统的低功耗微处理器仅在 2.7 ~ 3 V 的电压范围内正常工作,新一代的低功耗处理器可以在 1.8 ~ 3 V 的电压范围内正常工作,这极大地延长了传感器节点的生命周期。

(4)运行速度。在传感器网络中,微处理器的主要工作是运行通信协议、与传感器实现交互、进行数据处理,这中间大部分操作对处理器的速度并没有很高的要求,提高或降低 CPU 主频对 CPU 的能耗并没有太大的影响。

(5)内存大小。通常在节点上执行的程序将数据存储在内存(RAM)上,而程序代码存储在闪存(Flash)上。内存具有易失性,其中的数据在断电后丢失;而闪存具有非易失性,在断电后数据也不会丢失。

4. 通信芯片

通信芯片是无线传感节点中的重要组成部分。通信芯片的传输距离是人们考量的重要指标。

通信芯片的传输距离受到几个关键因素的影响,其中最重要的影响因素是芯片的发射功率。显然,发射功率越大,信号传输的距离越远。影响传输距离的另一个重要因素是接收的灵敏度。在其他因素不变的情况下,增加接收的灵敏度可以适当增加传输距离。

3.2.2　软件平台

软件平台是传感器节点软件系统的核心。常见的传感器节点的操作系统有 TinyOS、MOS 等,下面以 TinyOS 为例介绍传感器操作系统及其开发语言的特点。

1. 开发语言

TinyOS 操作系统是 UC Berkeley(加州大学伯克利分校)开发的开源操作系统,专门为嵌入式无线传感器网络设计,该操作系统基于组件(Component-Based)的架构使得程序能快速更新,同时又减小了受传感器网络节点存储器限制的代码长度。

一般而言,TinyOS 操作系统的组件分为三种类型:硬件抽象组件、合成硬件组件和高层软件组件。硬件抽象组件对物理硬件设备进行了 TinyOS 的组件化。在 TinyOS 系统平台中,每个硬件资源都被抽象成一个或多个易于操作的组件,用户程序访问这些资源时,只需调用对应组件相应的功能接口,即可实现对硬件的操作。合成硬件组件所起到的作用即为将硬件抽象组件与高层软件组件进行连接。它可以利用硬件抽象组件提供的接口实现高于硬件抽象组件的功能,比如对字节的发送与接收。高层的软件组件实现了对整个系统的控制、建立路由和数据传输等。多个下层组件可以连接起来构成上一层更大的组件,而最上层的组件就是应用程序。TinyOS 的层次结构如图 3-10 所示。

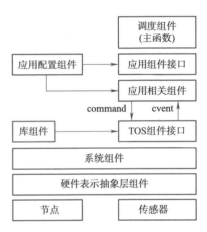

图 3-10　TinyOS 的层次结构

2. 任务调度

TinyOS 提供任务和事件的两级调度机制。任务一般用于对时间要求不高的应用,它实际上是一种延时计算机制。任务之间互相平等,没有优先级之分,所以任务的调度采用简单的 FIFO(First Inpat First Outpnt,先进先出)算法。任务之间互不抢占,即任务一旦运行,就必须执行至结束,当任务主动放弃 CPU 使用权时才能运行下一个任务。硬件事件处理句柄去响应硬件中断,它可以抢占任务或者其他的硬件事件处理句柄。当事件被触发后,与该事件相关联的所有任务迅速被执行,当这个事件和任务被处理完成之后,CPU 进入睡眠状态,直至其他事件将它唤醒。总的来说,TinyOS 调度模型有以下特点:

(1)任务单线程运行到结束,只分配单个任务栈,这对内存受限的系统很有利。

(2)任务调度算法采用非抢占式的 FIFO 算法,任务之间相互平等,没有优先级之分。

(3)TinyOS 的调度策略具有能量意识,当任务队列为空时,处理器进入休眠模式,直到外部事件将它唤醒,能有效地降低系统能耗。

这种基于事件的调度策略,允许独立的组件共享单个执行的上下文,只需少量运行空间就能获得高度的并发性。

3. 关键服务

TinyOS 提供了一系列关键服务,为实际编写传感器网络程序提供了技术支持。

(1)操作系统核心服务,包括了服务传感器、串口通信、读取程序闪存以及外部存储器、基本的点对点传输服务等。

(2)数据收集协议,如 CTP,CTP 集成了链路重传、链路估计等技术,可以将多个节点的数据通过多跳路由树传送到汇聚的节点上。

(3)数据分发协议,如 Drip 和 Dip。

(4)时间同步协议,如 FTSP。

(5)网络重编程协议,如 Deluge。

3.3 无线传感器网络

3.3.1 无线传感器网络简介

无线传感器网络当中的节点分为两种:一个是汇聚节点,一个是传感器节点。汇聚节点主要指的是网关能够在传感器节点当中将错误的报告数据剔除,并与相关的报告相结合,将数据加以融合,对发生的事件进行判断。汇聚节点与用户节点连接,可借助广域网络或者卫星直接通信,并对收集到的数据进行处理。

无线传感网络具有以下特点:

1. 自组织方式组网

组网不依赖任何固定的网络设施,传感器节点通过分布式网络协议形成自组织网络,能够自动调整来适应节点的移动、加入和退出。因为传感器的维护成本很高,所以需要具备自我管理能力。

2. 无中心结构

网络中所有传感器节点地位对等,并构成一个对等式网络。节点可以随时加入和离开网络,网络中部分节点发生故障不影响整个网络的运行。

3. 网络有动态拓扑

无线传感器网络中的节点可能由于电池能量耗尽或者故障而从网络中退出,也可能是按照某种设定的程序从网络中退出(比如休眠);网络外的节点可随时加入网络中。

4. 采用多跳路由通信

覆盖同样大小区域的单跳路由消耗的能量远远超过了多跳路由,所以绝大部分传感器网络采用多跳路由。不过多跳路由也会导致数据传输出现延迟、复杂的路由计算等新问题产生。

5. 高冗余

由于传感器节点容易出现故障,为了使受损的传感器节点周围的其他传感器节点能够代替受损的节点继续工作,传感器网络的节点一般比较密集,具有高冗余的特点。

6. 硬件资源及功能有限

无线传感器节点由于受价格、体积和携载能源的限制,其计算能力、数据处理能力、存储空间有限,决定了在节点操作系统的设计中,协议层次内容不能过于复杂。

7. 电源续航能力较弱

网络节点由电池供电,电池续航能力弱,在许多应用场景中无法更换电池。传感器节点电能用完,该节点就失去了作用,所以在设计传感器网络时需要考虑节能。

3.3.2　无线传感器网络的拓扑结构

1. 星状拓扑

星状拓扑结构具有组网简单、成本低的优点,但网络覆盖范围小,一旦 Sink 节点发生故障,所有与 Sink 节点连接的传感器节点与网络中心的通信都将中断。采用星状拓扑结构组网时,电池的使用寿命较长。

2. 网状拓扑

网状拓扑结构具有组网可靠性高、覆盖范围大的优点,但电池使用寿命短、管理复杂。

3. 树状拓扑

树状拓扑结构具有星状和网状拓扑的一些特点,既保证了网络覆盖范围大,同时又不至于电池使用寿命过短,更加灵活、高效。

上述为无线传感器网络的三种常见结构。在无线传感器网络系统中,由 Sink 节点统一对各个传感器节点进行管理,如图 3-11 所示。

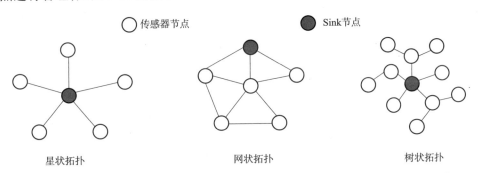

图 3-11　无线传感器网络的拓扑结构图

3.3.3　无线传感器网络的支撑技术

无线传感器网络应用支撑技术在整个物联网系统中占据重要的地位,具体而言,无线传感器网络包含如下关键技术。

1. 网络自组织连接技术

网络自组织连接技术也称为拓扑控制技术,传感器网络的自组织组网和连接是指在满足区域覆盖度和连通度的条件下,通过节点发送功率的控制和网络关键节点的选择,构建邻居链路,形成一个高效的网络连接拓扑结构,以提高整个网络的工作效率,延长网络的生命周期。自组织控制分为节点功率控制和层次拓扑控制两个方面。

(1)节点功率控制:在满足网络连通度的条件下,尽可能减少发射功率。相关研究成果有:基于节点度数进行功率控制(提出了 LMA 算法)、基于邻近图进行功率控制(提出了 DRNG、DLMST 算法)。

(2)层次拓扑控制:采用分簇机制实现,在网络中选择少数关键节点作为簇首,由簇首节点实现全网的数据转发,簇成员节点可以暂时关闭通信模块,进入睡眠状态。相关研究成果有 LEACH、

TopDisc、GAF 算法。

当前国内外对无线传感器网络的拓扑控制取得了很多成果,许多新的算法被提出。其中一些拓扑控制算法不仅仅理论体系较为完备,并且在实际工程中得到了应用。还有一些拓扑控制算法通过计算机仿真,效果良好,但是大部分算法还处于理论研究阶段。在研究特点上,出现了同时使用多种方式、多种算法的结合,形成传感器网络的拓扑控制机制。拓扑控制还面临着一些重要的关键性问题,如对于大规模的无线传感器网络,拓扑控制算法如果没有较快的收敛速度,工程上的实用性就会不强,以及面对动态拓扑结构如何自适应控制等。

2. 网络覆盖控制技术

为了保证无线传感器网络监测的有效性,通常要求监测范围内的每一点都至少处于一个无线传感器节点的监测范围以内;为使无线传感器能够完成对给定区域进行特定的监测任务,必须要进行覆盖控制。

3. 网络无限通信技术

因为传感器节点传输信息比执行计算更消耗能量,传输 1 bit 信息 100 m 的距离需要的能量相当于执行 3 000 条计算指令消耗的能量,所以需要对无线通信模块进行控制;另外,无线通信信息在发送过程中容易受到外界干扰,所以无线传感器网络需要抗干扰的通信技术。目前有以下无线通信技术:

(1)层次拓扑控制:采用分簇机制实现,在网络中选择少数关键节点作为簇首,由簇首节点实现全网的数据转发,簇成员节点可以暂时关闭通信模块,进入睡眠状态。相关研究成果有 LEACH、TopDisc、GAF 算法。

(2)蓝牙技术:是一种短距离微功耗的无线通信技术,具有较强的抗干扰能力,成本低而且在各种设备中都可以使用,不过存在通信距离较短的缺点(一般为 10 m 左右)。

(3)Wi-Fi 技术:也称为无线局域网通信技术,具有可移动性强,安装灵活、便于维护、能快速方便地实现网络连通等优点,常见的如 IEEE 802.11a、IEEE 802.11b、IEEE 802.11g。

(4)超宽频技术:简称 UWB,最初主要应用于高精度雷达和隐秘通信领域,是一种在宽频带基础上,通过脉冲信号高速传输数据的无线通信技术,具有发射距离短、发射功率低、成本低等特点。

(5)ZigBee 技术:ZigBee 主要应用于短距离、数据传输率不高的各种电子设备,具有传输速率低、成本较低等特点,适合一些简单的网络,ZigBee 比一些常见无线通信技术更加安全可靠。

几种短距离无线通信技术的比较如表 3-1 所示。

表 3-1　短距离无线通信技术参数对比

规　范	ZigBee	蓝　牙	IEEE 802.11b	IEEE 802.11g
工作频率	868/915 MHz 2.4 GHz	2.4 GHz	2.4 GHz	2.4 GHz
传输速率/(Mbit/s)	0.25	1/2/3	11	54
数据/语音	数据	话音/数据	数据	数据
最大功耗/mW	1 ~ 3	1 ~ 100	100	100
传输方式	点到多点	点到多点	点到多点	点到多点
连接设备数	216 ~ 264	7	255	255

规　范	ZigBee	蓝　牙	IEEE 802.11b	IEEE 802.11g
安全措施	32、64、128 位密钥	1 600 次/s 跳频、128 位密钥	WEP 加密	WEP 加密
支持组织	ZigBee 联盟	Bluetooth	IEEE 802.11b	IEEE 802.11g
主要用途	控制网格、家庭网络、传感器网络	个人网络	无线局域网	无线局域网

4. 定位技术

网络中,节点定位是无线传感器网络应用的基础,传感器节点须明确自身位置才能为用户提供有用的信息,实现对目标的定位和追踪。另一方面,了解传感器节点的位置信息还能提高路由效率、报告网络的覆盖质量、实现网络的负载均衡等。在一些应用场合中,传感器节点被随机地散布在特定的区域,事前无法知晓这些传感器的位置,部署完成后需要通过一些定位技术来准确地获取其位置信息。

5. 网络安全技术

传感器网络数据是通过无线信道进行通信的,有别于传统的有线通信,所以防火墙技术很难适用于传感器网络。一些基于密码学的防御方法需要不小的计算量,对于密集型通信的传感器网络来说,用这些密码学方法对所有通信数据在传输过程中都进行加密是不现实的。安全技术中入侵检测技术则比较灵活,而且是资源友好的,所以非常适合于传感器网络。入侵检测技术主要分为两类:Misuse 入侵检测系统(或者基于签名的入侵检测系统)和异常检测系统。

6. 能量获取技术

传感器的电量非常有限,传感器节点的电量使用完后如果不及时补充电量,将无法工作并且退出无线传感器网络。当前传感器网络补充电量的方式主要有三种方法:更换电池、能量收集和无线充电。

(1)更换电池。这种方法需要给传感器网络配备维护人员来更换电池,但是考虑到很多传感器网络部署在条件恶劣的野外,而且覆盖区域广、部署比较隐蔽等特点,人工维护的效率低,而且维护成本高。

(2)能量收集。这种方法是传感器节点通过自身配备的能量转换模块,如太阳能、风能、热能等发电模块,从环境中收集能量来延长其生命期的方法。但是,由于环境能量密度低,为了达到一定的能量获取率,传感器节点需要配备体积较大的能量转换器,并且能量转换效率低。此外,因为能量获取的效率受环境和气候等因素影响,如太阳能电池在阴天发电效率低,所以发电过程不可控且难以精确预测。

(3)无线充电。传感器节点一旦部署好后一般不能移动,这种方法给网络中配备主动性的充电电源节点,可以为任意传感器节点进行无线充电以延长其生命期。采用这种方法需要在网络中部署静态的充电站,或者移动充电节点和服务站节点。由静态或移动充电节点主动为传感器节点提供高效、及时的充电服务,充电过程可控、可预测。

3.3.4　无线传感器网络的应用领域

无线传感器网络在生产和生活中处处可见,总结起来主要在以下八大领域应用广泛。

1. 在军事领域中的应用

在军事领域,由于无线传感器网络具有密集型、随机分布的特点,使其非常适合应用于恶劣的战场环境。利用无线传感器网络能够实现监测敌军区域内的兵力和装备、实时监视战场状况、定位目标、监测核攻击或者生物化学攻击等(见图 3-12)。

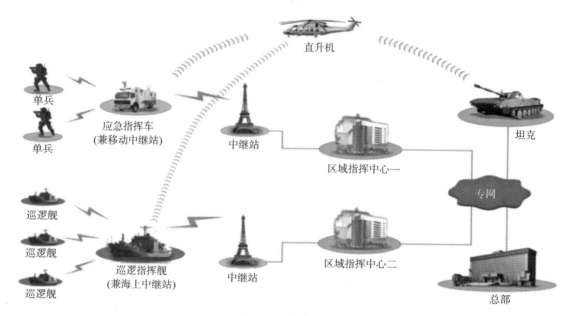

图 3-12 军事应用

2. 在农业生产中的应用

无线传感器网络特别适用于以下方面的生产和科学研究。例如,大棚种植室内及土壤的温度、湿度、光照监测,珍贵经济作物生长规律分析,葡萄优质育种和生产等,可为农村发展与农民增收带来极大的帮助。采用无线传感器网络建设农业环境自动监测系统,用一套网络设备完成风、光、水、电、热和农药等的数据采集和环境控制,可有效提高农业集约化生产程度,提高农业生产种植的科学性(见图 3-13)。

3. 在生态环境监测和预报中的应用

在生态环境监测和预报方面,无线传感器网络可用于监测农作物灌溉情况、土壤空气情况、家畜和家禽的环境和迁移状况、大面积的地表情况等,可用于行星探测、气象和地理研究、洪水监测等。基于无线传感器网络,可以通过数种传感器来监测降雨量、河水水位和土壤水分,并依此预测山洪爆发、描述生态多样性,从而进行动物栖息地生态监测。还可以通过跟踪鸟类、小型动物和昆虫进行种群复杂度的研究等(见图 3-14)。

4. 在基础设施状态监测系统中的应用

无线传感器网络技术对于大型工程的安全施工以及建筑物安全状况的监测有积极的帮助作用。通过布置传感器节点,可以及时准确地观察大楼、桥梁和其他建筑物的状况,及时发现险情,及时进行维修,避免造成严重后果。

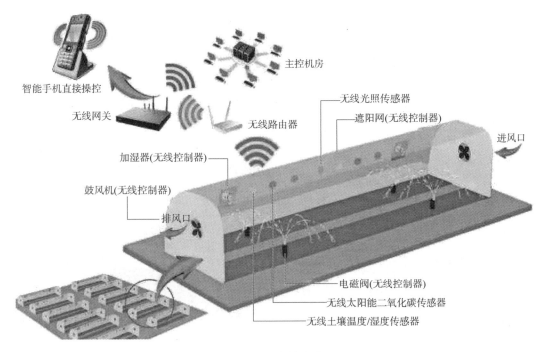

图 3-13 智能农业

图 3-14 生态监测

5. 在工业领域中的应用

在工业安全方面,传感器网络技术可用于危险的工作环境,例如在煤矿、石油钻井、核电厂和组装线布置传感器节点,可以随时监测工作环境的安全状况,为工作人员的安全提供保证。另外,传感器节点还可以代替部分工作人员到危险的环境中执行任务,不仅降低了危险程度,还提高了对险情的反应精度和速度。图 3-15 所示为智能制造。

图 3-15 智能制造

6. 在智能交通中的应用

智能交通系统主要包括交通信息的采集、交通信息的传输、交通控制和诱导等几个方面。无线传感器网络可以为智能交通系统的信息采集和传输提供一种有效手段，用来监测道路各个方向的车流量、车速等信息。并运用计算方法计算出最佳方案，同时输出控制信号给执行子系统，以引导和控制车辆的通行，从而达到预设的目标（见图 3-16）。

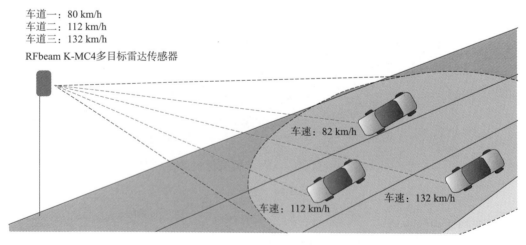

图 3-16 智能交通

7. 在医疗系统和健康护理中的应用

无线传感器网络技术通过连续监测，提供丰富的背景资料并做预警响应，可大大提高医疗的质量和效率。无线传感器网络集合了微电子技术、嵌入式计算技术、现代网络及无线通信和分布式信息处理等技术,能够通过各类集成化的微型传感器协同完成对各种环境或监测对象的信息的实时监测、感知和采集(见图 3-17)。

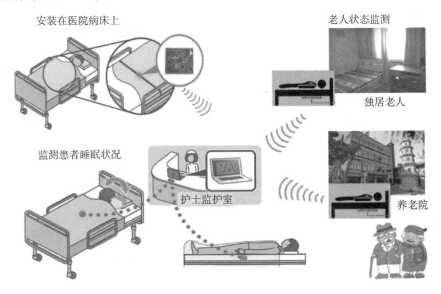

安装在医院病床上　　　老人状态监测　　　独居老人

监测患者睡眠状况　　　护士监护室　　　养老院

图 3-17　智能医疗

8. 在智能家居中应用

在家电中嵌入传感器节点,通过无线网络与互联网连接在一起,利用远程监控系统可实现对家电的远程遥控。无线传感器网络使住户可以在任何可以上网的地方通过浏览器监控家中的水表、电表、煤气表、热水器、空调、电饭煲等(见图 3-18)。

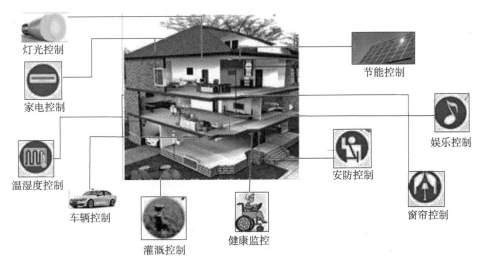

灯光控制　　　节能控制

家电控制

温湿度控制　　　娱乐控制

车辆控制　　　安防控制

灌溉控制　　　健康监控　　　窗帘控制

图 3-18　智能家居

单 元 小 结

本单元主要阐述了传感器与传感器技术的基本概念,传感器的组成、分类及其特点,并简要介绍了传感技术平台支撑,以及无线传感器网络。

思考与练习

一、简答题

1. 常见的传感器如何分类?

2. 传感技术的硬件平台包含哪些部分?

3. 什么是无线传感器网络? 它有什么特点?

4. 简述无线传感器网络支撑技术。

二、填空题

1. 传感器一般由_____、_____和_____组成。

2. 按传感器物理量分类,传感器可分为_____、_____。

3. 常见无线传感器网络的拓扑结构有_____、_____、_____。

三、实践题

1. 举例说明在你身边有哪些无线传感器网络,它们有什么作用?

2. 观察你身边的无线传感器网络,请说明它都包含哪些软件平台和硬件平台。

单元④ 物联网无线传输技术

在物联网中,任何真实物体都可以应用电子标签连接网络,通过物联网可以用中心计算机对设备进行集中管理和控制,也可以对家庭设备、汽车等进行遥控、搜寻位置、防止物品被盗等各种应用。可以想象,如果这些连接都采用有线方式,整个世界将被线缆充满。因此,物联网采用多种无线方式作为接入手段。

本单元主要介绍 Bluetooth、ZigBee、Wi-Fi、NFC 等无线接入技术的概况与特点,分析其系统构成,并展示典型的产品应用。

学习目标

- 了解各种物联网无线传输技术起源、发展及应用现状。
- 认识物联网常用无线传输设备。
- 理解各种物联网无线传输技术原理。
- 熟悉物联网常用无线传输的技术参数及特点。
- 能描述各种物联网无线传输方式的典型应用。

单元知识结构

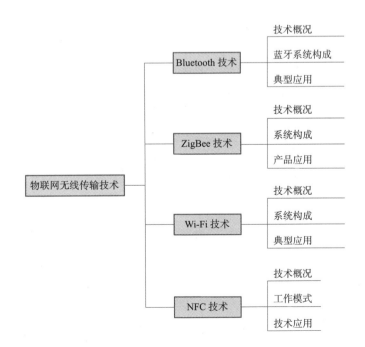

4.1 Bluetooth 技术

蓝牙(Bluetooth,见图4-1)是一种开放性的无线通信标准,是一种无线数据和语音通信开放的全球规范,设计者的初衷就是用隐形的连接线代替线缆。其目标和宗旨是:保持联系,不靠线缆,拒绝插头,并以此重塑人们的生活方式。它通过统一的短程无线链路,在各个

图4-1 蓝牙

信息设备之间可以穿越部分障碍物,实现方便快捷、灵活安全、低成本小功耗的语音和数据通信。

4.1.1 技术概况

1. 技术背景

蓝牙技术是一种短距离的无线通信技术。蓝牙作为一种小范围无线连接技术,能在设备间实现方便快捷、灵活安全、低成本、低功耗的数据通信和语音通信,因此它是目前实现无线个域网通信的主流技术之一。

它的目的是利用短距离、低成本的无线多媒体通信技术在小范围内将各种移动通信设备、固定通信设备、计算机及其终端设备等连接起来,实现无缝的资源共享。利用蓝牙技术,能够有效地简化移动通信终端设备之间的通信,也能够成功地简化设备与因特网(Internet)之间的通信,从而使数据传输变得更加迅速高效,为无线通信拓宽道路。

2. 命名由来

"蓝牙"这个命名的由来颇具传奇色彩。公元10世纪的北欧正值动荡时代,各国战争频繁,Harald Blatand(后人称其为Harald Bluetooth)挺身而出,最终统一了整个丹麦。他的名字Blatand可能取自两个古老的丹麦词语,bla意为黑皮肤的,tan意为伟人。公元960年,Harald Blatand达到其权力的顶峰,统一了整个丹麦和挪威。至于为何称其Bluetooth,缘于Harald爱吃蓝莓,因此牙齿总被染蓝,而得此绰号。

这位"蓝牙"国王将挪威、瑞典和丹麦统一起来,他口齿伶俐且善于交际。而蓝牙技术也是被定义为允许不同工业领域之间的协调工作,保持各系统领域间的良好交流。因此,用其名字来命名蓝牙这项高新技术是再合适不过的,而蓝牙所用图标则是源自北欧古字母符文,即Harald Bluetooth两个单词的首字母。

3. 历史发展

1998年5月,世界著名的5家大公司爱立信(Ericsson)、诺基亚(Nokia)、东芝(Toshiba)、国际商用机器公司(IBM)和英特尔(Intel)联合宣布的一种无线通信新技术——蓝牙技术,Bluetooth(蓝牙)特别兴趣小组成立。

蓝牙技术主要有以下版本:

(1)V1.0-V1.1(1998年)。有不少人认为,蓝牙技术是从1.1版本开始引用到产品上的,其实这并不准确,早在2001年,索尼爱立信T39mc成为了第一款内置蓝牙的手机产品,将曾统治手机无线信息交互的"红外传输"技术拉下神坛。而在2002年,蓝牙1.1版才正式推出。这个时期为早期版本的蓝牙技术,其容易受到同频率产品的干扰,影响通信质量。

（2）V1.2（2003 年）。蓝牙 1.0 到蓝牙 1.1 版的升级并非在计划中,而是因为蓝牙 1.0 版众多 BUG 被发现后被迫升级的,经过优化后最终定型为蓝牙 1.2 版,蓝牙 1.2 版加上了抗干扰跳频功能,从而让蓝牙技术信息传递更为稳定,其传输速率为 748~810 kbit/s。

（3）V2.0（2004 年）。蓝牙 2.0 版新增了 EDR 技术,通过提高多任务处理和多种蓝牙设备同时运行的能力,使得蓝牙设备的传输率最高可达 3 Mbit/s。

（4）V3.0（2009 年）。相比蓝牙 2.0 版,蓝牙 3.0 版使用了新的协议,最高传输速度达到了 24 Mbit/s,这一传输速度已可以满足视频传输的需求,在 2009 年那个数字化信息井喷的年代,蓝牙 3.0 技术走上了高速发展的道路,但蓝牙 3.0 版功耗过高的问题也逐渐显露。

（5）V4.0（2010 年）。在认识到蓝牙 3.0 版高功耗的优缺点后,2012 年,蓝牙技术标准联盟 SIG 发布了蓝牙 4.0 版,最主要的改进就是将蓝牙使用功耗大幅度降低,从而保证用户使用的时长。但还有不为人知的另一面,蓝牙 4.0 版不仅增强了抗干扰性,更将蓝牙连接的速度和距离提升至一个新的高度。蓝牙 4.0 版可为用户提供更快的配对体验,数据传输最远距离更达到了 100 m。

而后续更新的蓝牙 4.1 版、蓝牙 4.2 版则是在降低功耗的情况下增强了传输时的安全性,苹果的 6S 使用的就是蓝牙 4.2 版技术。

（6）V5.0（2016 年）。蓝牙技术联盟在 2016 年推出的蓝牙 5.0 版可以为用户提供更为精准的定位服务,定位精度在 1 m 以内,如果蓝牙耳机丢了就可以使用该技术找到。除了更为精准的室内定位外,蓝牙 5.0 的传输速度比之前的蓝牙 4.2 版更快,在传输距离上,蓝牙 5.0 版可为用户提供 300 m 的有效工作距离,苹果 8 以上的手机使用的就是该技术标准。

4. 特点与优势

蓝牙技术作为一种无线数据与语音通信的开放性全球规范,其主要特点如下:

（1）可以随时随地用无线接口来接替有线电缆连接。

（2）具有很强的移植性,可以用于多种通信场合,引入身份识别后可灵活漫游。

（3）功耗低,对人体危害小。

（4）蓝牙集成电路应用简单,成本低廉,实现容易,易于推广。

（5）采用跳频技术,数据包短,抗信号衰减能力强。

（6）采用前向纠错方案以保证链路稳定,提高传输效率和可靠性。

（7）使用 2.4 GHz ISM 频段,无须申请许可证。

（8）可同时支持数据、音频、视频信号。

（9）采用 FM 调制方式,降低设备的复杂性。

4.1.2 蓝牙系统构成

1. 基本结构

蓝牙系统一般由射频单元、基带与链路控制（硬件）、链路管理（软件）和蓝牙音频（协议）和主机控制器等功能模块组成,如图 4-2 所示。

（1）无线射频单元（Radio）:负责数据和语音的发送和接收,特点是短距离、低功耗。蓝牙天线一般体积小、重量轻,属于微带天线。

（2）基带与链路控制单元（Baseband & LinkController）:进行射频信号与数字或语音信号的相互转化,实现基带协议和其他的底层连接规程。

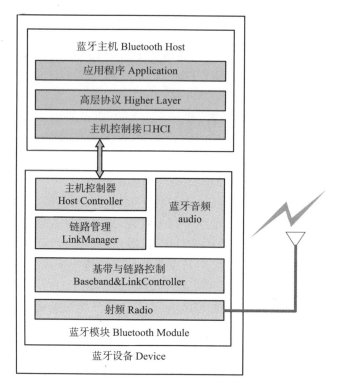

图 4-2 蓝牙系统构成图

（3）链路管理单元（LinkManager）：负责管理蓝牙设备之间的通信，实现链路的建立、验证、链路配置等操作。

2. 协议体系

在蓝牙系统中，为了支持不同应用，需要使用多个协议，这些协议按层次组合在一起，构成蓝牙协议栈。按照各层协议在整个蓝牙协议体系中所处位置，蓝牙协议可分为底层硬件协议、中间协议层和高层应用协议三大类。

（1）底层硬件协议。蓝牙技术系统中的底层硬件模块包括基带、跳频和链路管理。其中，基带用于完成蓝牙数据和跳频的传输。无线跳频层是不需要授权的，利用 2.4 GHz ISM 频段的微波，数据流传输和过滤就是在无线跳频层实现的，主要定义了蓝牙收发器在此频带正常工作所需要满足的条件。链路管理实现了链路建立、连接和拆除的安全控制。

（2）中间协议层。蓝牙技术系统构成中的中间协议层主要包括了服务发现协议、逻辑链路控制和适应协议、电话通信协议、串口仿真协议四个部分。服务发现协议层的作用是提供上层应用程序的一种机制，以便于使用网络中的服务。逻辑链路控制和适应协议是负责数据拆装、复用协议和控制服务质量，是其他协议层功能实现的基础。

（3）高层应用协议。在蓝牙技术构成系统中，高层应用是位于协议层最上部的框架部分。蓝牙技术的高层应用主要有文件传输、网络、局域网访问。不同种类的高层应用是通过相应的应用程序通过一定的应用模式实现的一种无线通信。

4.1.3　典型应用

1. 蓝牙技术应用于汽车领域（见图 4-3）

（1）蓝牙免提通信。将蓝牙技术应用到车载免提系统中,是最典型的汽车蓝牙应用技术。利用手机作为网关,打开手机蓝牙功能与车载免提系统,只要手机在距离车载免提系统的 10 m 之内,都可以自动连接,控制车内的麦克风与音响系统,从而实现全双工免提通话。利用车载免提应用框架作为蓝牙免提通信技术的基础,很好地规范蓝牙设备,并且汇集蓝牙功能集,这样就可以控制蓝牙技术。

图 4-3　蓝牙应用

（2）车载蓝牙娱乐系统。主要包括 USB 技术、音频解码技术、蓝牙技术等,将上述技术相融合,利用汽车内部传声器（麦克风）、扬声器（音响）,播放存储在 U 盘中的各种音频以及电话簿等,还增添了流行音乐播放等功能。以蓝牙为基础连接车载系统中的网络可以实现车载信息娱乐系统的运行,同时也为系统保留了可扩展性。

（3）蓝牙车辆远程状况诊断。车载诊断系统主要依靠蓝牙远程技术,及时进行车辆检修,尤其对汽车发动机进行实时监测,以实时掌握车辆不同功能模块的具体运行情况,一旦发现系统运行不正常,利用设定好的计算方法准确判断出现故障的原因与故障类型,将故障诊断代码上传到车载运行系统存储器中,使得获取更加方便快捷。

（4）汽车蓝牙防盗技术。随着技术的逐渐成熟,蓝牙在应用广泛性、使用安全性、传输准确性、传输高效性等方面会有更进一步的改善,尤其是蓝牙防盗器的应用。如果汽车处于设防状态,蓝牙感应功能将会自动连接汽车车主手机,一旦车辆状态出现变化或者被盗窃,将会自动报警。蓝牙防盗技术的应用,为汽车提供更安全的环境。

2. 蓝牙技术应用于工业生产领域（见图 4-4）

（1）技术人员对数控机床的无线监控。蓝牙技术在数控机床中的应用,主要体现在无线监控方面,利用蓝牙技术安装相应的监控设施,为数控机床用户生产提供方便,同时也维护了数控机床生产的安全。技术人员根据携带的蓝牙监控设备,随时监控与管理机床运行,发现数控机床生产问题及时治理。尤其是无线数据链路下实现的自动监控能力,可以适当干预机床运行,比如停止主轴或者系统停机等。

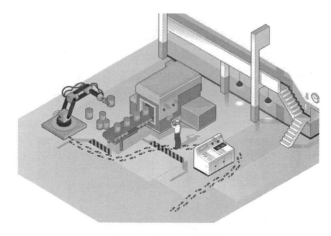

图 4-4　蓝牙工业应用

（2）零部件磨损程度的检测。蓝牙检测功能还体现在工业零部件磨损方面。利用蓝牙检测软件结合磨损检测材料进行实验研究,可以检测材料的耐磨性优劣,及时利用蓝牙无线传输将磨损检测程度数据传输到相关设备中,对相关设备进行智能分析,并将结果告知技术人员。

（3）功率输出标准化。蓝牙技术在工业生产的功率输出方面也十分重要。调节设备利用蓝牙技术传输生产功率变化,将其与标准运行功率对比,如果存在功率变化异常,便会及时调整,并将调整数据上传。

（4）蓝牙监控系统对数控系统运行状态的实时和完整的记录。蓝牙传输设备作为监控系统主要组成部分,随时记录数控系统运行状态,并且将数控系统运行期间的任何波动全部传输到存储设备中,利用通信端口上传信息,为数控生产管理人员提供更多参考资料。

3. 蓝牙技术应用于医疗领域（见图 4-5）

随着现代医疗事业的蓬勃发展,医院监护系统和医疗会诊系统的出现为现代医疗事业的发展做出突出贡献。但在实际应用过程中也存在一些问题,例如当前对重症病人的监护设备都采用有线连接,当病人有活动需求时难免会影响监控仪器的正常运行。蓝牙技术的出现可以有效改善上述情况。不仅如此,蓝牙技术还在诊断结果传输与病房监护方面起到了重要作用。

图 4-5　蓝牙医疗应用

（1）诊断结果输送。以蓝牙传输设备为依托，将医院诊断结果及时输送到存储器中。蓝牙听诊器的应用以及蓝牙传输本身耗电量较低，传输速度更快，所以利用电子装置及时传输诊断结果，可提高医院诊断效率，确保诊断结果数据准确。

（2）病房监护。蓝牙技术在医院病房监护中的应用主要体现在病床终端设备与病房控制器。利用主控计算机，上传病床终端设备编号以及病人基本住院信息，为住院病人在配备病床终端设备，一旦病人有突发状况，利用病床终端设备发出信号，蓝牙技术以无线传送的方式将其传输到病房控制器中。如果传输信息较多，会自动根据信号模式划分传输登记，为医院病房管理提供了极大的便利。

4.2　ZigBee 技术

4.2.1　技术概况

在智能硬件和物联网领域，时下大名鼎鼎的 ZigBee 可谓是无人不知，无人不晓（见图 4-6）。除了 Wi-Fi、蓝牙之外，ZigBee 是目前最重要的无线通信协议之一，主要应用于物联网和智能硬件等领域。ZigBee 作为一种新兴的近距离、低复杂度、低功耗、低传输速率、低成本的无线网络技术，有效弥补了低成本、低功耗和低速率无线通信市场的欠缺。

图 4-6　ZigBee

1. 技术背景

首先，ZigBee 的 Mac 层、PHY 层应用 IEEE 802.15.4 协议，是一种近距离、低复杂度、低功耗、低数据速率、低成本的双向无线通信技术，主要适用于自动控制和远程控制领域，可以嵌入到各种设备中，同时支持地理定位功能。由于蜜蜂（bee）是靠飞翔和"嗡嗡"（zig）地抖动翅膀来与同伴传递花粉、辨别方位的，即蜜蜂是依靠着这样的方式构成了群体中的通信"网络"，因此 ZigBee 的发明者们形象地利用蜜蜂的行为来描述这种无线信息传输技术。

2. 历史发展

ZigBee 主要发展历程如下：

- 2002 年，ZigBee Alliance 成立。
- 2003 年，ZigBee 协议正式问世。
- 2004 年，ZigBee V1.0 诞生。
- 2006 年，推出了完善的 ZigBee 2006。
- 2007 年，ZigBee PRO 推出。

3. 特点与优势

ZigBee 的特点主要有以下几个方面：

（1）低功耗：在低耗电待机模式下，2 节 5 号干电池可支持 1 个节点工作 6 ~ 24 个月，甚至更长，这是 ZigBee 的突出优势。相比之下蓝牙可以工作数周、Wi-Fi 可以工作数小时。

（2）低成本：通过大幅简化协议使成本很低（不足蓝牙的 1/10），降低了对通信控制器的要求，按预测分析，以 8051 的 8 位微控制器测算，全功能的主节点需要 32 KB 代码，子功能节点少至 4 KB 代码，而且 ZigBee 的协议专利免费。

（3）低速率：ZigBee 工作在 250 kbit/s 的通信速率，满足低速率传输数据的应用需求。

（4）近距离：传输范围一般在 10 ~ 100 m，在增加射频发射功率后，亦可增加到 1 ~ 3 km。这指的是相邻节点间的距离。如果通过路由和节点间通信的接力，传输距离将可以更远。

（5）短时延：ZigBee 的响应速度较快，一般从睡眠转入工作状态只需 15 ms，节点连接进入网络只需 30 ms，进一步节省了电能。相比较，蓝牙需要 3 ~ 10 s、Wi-Fi 需要 3 s。

（6）高容量：ZigBee 可采用星状、片状和网状网络结构，由一个主节点管理若干子节点，最多一个主节点可管理 254 个子节点；同时，主节点还可由上一层网络节点管理，最多可组成 65 000 个节点的大网。

（7）高安全：ZigBee 提供了三级安全模式，包括无安全设定、使用接入控制清单（ACL）防止非法获取数据以及采用高级加密标准（AES128）的对称密码，以灵活确定其安全属性。

（8）免执照频段：使用工业科学医疗（ISM）频段、915 MHz（美国）、868 MHz（欧洲）、2.4 GHz（全球）。

4.2.2　系统构成

1. 基本结构

按设备的功能强弱划分为全功能设备（FFD）和精简功能设备（RFD）。

（1）全功能设备有更多的存储器、计算能力，具有全部 IEEE 802.15.4 协议功能和所有特性，有控制器的功能，可提供信息双向传输。

（2）精简功能设备仅附带有限的功能来控制成本和复杂性，只作为终端设备使用，使用小内存、小协议栈，实现简单。

按设备在网络中的作用划分为 ZigBee 协调器、ZigBee 路由器和 ZigBee 终端设备。

（1）ZigBee 协调器处于网络顶层，它总是处于工作状态，有稳定可靠的电源供给，包含所有的网络信息，是 3 种设备中最复杂的一种，存储容量大、计算能力强。ZigBee 协调器能发送网络信标、建立一个网络、管理网络节点、存储网络节点信息等。它们只能由 FFD 承担。

（2）ZigBee 路由器必须具备数据的存储和转发能力及路由发现能力。除完成应用任务外，还必须支持其子设备的连接、路由表的维护等。它们只能由 FFD 承担。

（3）ZigBee 终端设备的结构和功能最简单，用电池供电，大部分时间处于睡眠状态，最大程度地节约电能，延长电池寿命。可以由 FFD 承担，但主要还是由 RFD 承担。

2. 网络拓扑

IEEE 802.15.4/ZigBee 协议中明确定义了 3 种拓扑结构，即星状结构（Star）、簇树结构（ClusterTree）和网状结构（Mesh），如图 4-7 所示。

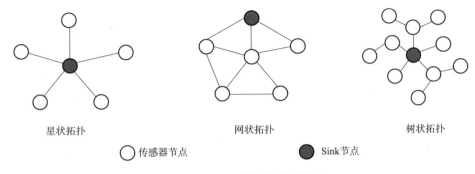

星状拓扑　　　　　　　　　网状拓扑　　　　　　　　　树状拓扑

○ 传感器节点　　　　　　● Sink节点

图 4-7　ZigBee 网络拓扑结构图

在星状拓扑网络中,网络由一个协调器(Sink 节点)控制。协调器要负责初始化并维护网络以及网络中的所有其他设备,这些设备均作为终端设备直接与协调器通信。

在网状网络或簇树网络中,协调器负责启动网络并设置某些关键参数,但是网络可以通过路由器进行扩展。在簇树网络中,路由器采用分级路由策略传送数据和控制信息。

树状网络通常使用基于信标的通信模式。网状网络允许完全的点对点通信,在网状网络中路由器不会发送常规 IEEE 802.15.4 信标。

4.2.3　产品应用

1. 应用特性

ZigBee 技术适合于承载数据流量相对较小的业务。例如:控制(Control)或是事件(Event)的数据传递都是适合应用 ZigBee 的场合。主要应用领域包括工业、家庭自动化、遥测遥控,例如灯光自动化控制、传感器的无线数据采集和监控,以及油田、电力、矿山和物流管理等应用领域。ZigBee 的主要优势在于该类产品可以联网,同时还具有可互操作性、高可靠及高安全等特性。

实际应用举例如下:照明控制、环境控制、自动读表系统、各类窗帘控制、烟雾传感器、医疗监控系统、大型空调系统、内置家居控制的机顶盒及万能遥控器、暖气控制、家庭安防、工业和楼宇自动化。另外,它还可以对局部区域内移动目标例如城市中的车辆进行定位。

2. 适用环境

通常,符合如下条件之一的短距离通信就可以考虑应用 ZigBee:

(1)需要数据采集或监控的网点多。

(2)要求传输的数据量不大,而要求设备成本低。

(3)要求数据传输可靠性高,安全性高。

(4)要求设备体积很小,不便放置较大的充电电池或者电源模块。

(5)可以用电池供电。

(6)地形复杂、监测点多,需要较大的网络覆盖。

(7)对于现有的移动网络的盲区进行覆盖。

(8)已经使用了现存移动网络进行低数据量传输的遥测遥控系统。

3. 典型应用

(1)在工业领域。利用传感器和 ZigBee 网络,使得数据的自动采集、分析和处理变得更加容易,可以作为决策辅助系统的重要组成部分。例如危险化学成分的检测、火警的早期检测和预报、高速旋转机器的检测和维护。这些应用不需要很高的数据吞吐量和连续的状态更新,重点在低功耗,从而最大限度地延长电池的寿命,减少 ZigBee 网络的维护成本。

(2)在农业领域。传统农业主要使用孤立的、没有通信能力的机械设备,主要依靠人力监测作物的生长状况。采用了传感器和 ZigBee 网络后,农业将可以逐渐地转向以信息和软件为中心的生产模式,使用更多的自动化、网络化、智能化和远程控制的设备来耕种。传感器可能收集包括土壤湿度、氮浓度、pH 值、降水量、温度、空气湿度和气压等信息。这些信息和采集信息的地理位置经由 ZigBee 网络传递到中央控制设备供农民决策和参考,这样农民能够及早而准确地发现问题,从而有助于保持并提高农作物的产量。

(3)在家庭和楼宇自动化领域。家庭自动化系统(见图 4-8)作为电子技术的集成得到迅速扩展。易于进入、简单明了、廉价的安装成本等成了驱动自动化家居与建筑开发和应用无线技术的主要动因。未来的家庭将会有 50～100 个支持 ZigBee 的芯片安装在电灯开关、烟火检测器、抄表系统、无线报警、安保系统、空调供暖(HVAC)、厨房器械中,为实现远程控制服务。例如,酒店里到处都有 HVAC 设备,如果在每台空调设备上都加上一个 ZigBee 节点,就能对这些空调系统进行实时控制,所节省的能源成本可迅速抵消安装 ZigBee 的投资成本。同时,ZigBee 网络还可在烟雾探测器和其他系统间进行信号路由。因此发生火灾时,某一个烟雾传感器的报警会触发整个楼宇内其他烟雾传感器的报警,同时自动开启洒水系统和应急灯;大厦管理人员还能迅速知晓火灾源头。

图 4-8　家庭自动化

(4)在医学领域。借助于各种传感器和 ZigBee 网络,准确而且实时地监测病人的血压、体温和心跳速度等信息,从而减少医生查房的工作负担,有助于医生作出快速的反应,特别是对重病和病危患者的监护和治疗。

(5)在汽车上(见图 4-9)主要是传递信息的通用传感器。由于很多传感器只能内置在飞转的车轮或者发动机中(如轮胎压力监测系统),这就要求内置的无线通信设备使用的电池有较长的寿命(大于或等于轮胎本身的寿命),同时应该克服嘈杂的环境和金属结构对电磁波的屏蔽效应。

图 4-9　汽车上的传感器

（6）在消费和家用自动化市场。可以联网的家用设备有电视、录像机、无线耳机、PC 外设（键盘和鼠标等）、运动与休闲器械、儿童玩具、游戏机、窗户和窗帘、照明设备、空调系统和其他家用电器等。近年来，由于无线技术的灵活性和易用性，无线消费电子产品已经越来越普遍、越来越重要。Chipcon 等公司已经看到了巨大的市场需求，正在开发新产品以增强消费电子产品的性能。

（7）在道路指示、方便安全行路方面。如果沿着街道、高速公路及其他地方分布式地装有大量路标或其他简单装置，你就不再担心会迷路。安装在你汽车里的装置会告诉你，你现在所处的位置、正向何处去。虽然从 GPS 也能获得类似服务，但是这种新的分布式系统会向你提供更精确、更具体的信息。即使在 GPS 覆盖不到的楼内或隧道内，你仍能继续使用此系统。事实上，你从这个新系统能够得到比 GPS 多得多的信息，如限速、前面那条街是单行线还是双行线、前面每条街的交通情况或事故信息等。使用这种系统，还可以跟踪公共交通情况，你可以适时地赶上下一班车，而不至于在寒风中或烈日下在车站等上数十分钟。基于这样的新系统还可以开发出许多其他功能，例如在不同街道根据不同交通流量动态调节红绿灯、追踪超速的汽车或被盗的汽车等。当然，应用这一系统的关键问题在于成本、功耗和安全性等方面，而这正是 IEEE 802.15.4 要解决的问题。

4.3　Wi-Fi 技术

Wi-Fi 的英文全称为 Wireless Fidelity，在中文里又称作"行动热点"，是 Wi-Fi 联盟制造商的商标，作为产品的品牌认证（见图 4-10），是一个创建于 IEEE 802.11 标准的无线局域网技术。

它是一种可以将个人计算机、手持设备（PDA、手机）等各种终端以无线方式互相连接的技术，能够在几十米范围内支持无线宽带接入，是在家里、办公室或在路途中上网的快速、便捷的途径。

图 4-10　Wi-Fi

4.3.1　技术概况

1. 技术背景

WLAN（Wireless Local Area Networks，无线局域网络），是一种利用无线技术进行数据传输的系统,该技术的出现能够弥补有线局域网络的不足,以达到网络延伸的目的。Wi-Fi 在无线局域网络范畴是指"无线兼容性认证",实质上是一种商业认证,同时也是一种无线联网技术,与蓝牙技术一样,同属于在办公室和家庭中使用的短距离无线技术。同蓝牙技术相比,它具备更高的传输速率、更远的传播距离,已经广泛应用于笔记本式计算机、手机、汽车等广大领域中。

Wi-Fi 是无线局域网联盟的一个商标,仅保障使用该商标的商品互相之间可以合作,与标准本身实际上没有关系,但因为 Wi-Fi 主要采用 IEEE 802.11b 协议,因此人们逐渐习惯用 Wi-Fi 来称呼 IEEE 802.11b 协议。从包含关系上来说,Wi-Fi 是 WLAN 的一个标准,Wi-Fi 包含于 WLAN 中,属于采用 WLAN 协议中的一项技术。

2. 历史发展

1999 年,Wireless Ethernet Compatibility Alliance (WECA)成立,后来更名为 Wi-Fi Alliance(Wi-Fi 联盟),现总部设在美国得克萨斯州,成员单位超过 300 个。

2000 年,Wi-Fi 联盟启动了 Wi-Fi 认证计划(Wi-Fi CERTIFIED),对 WLAN 产品进行 IEEE 802.11 兼容性认证测试。

2007 年,Wi-Fi 联盟启动了 IEEE 802n draft2 认证测试。

截至 2008 年,累计超过了 4 000 种 WLAN 设备通过 Wi-Fi 认证,Wi-Fi 芯片出货量累计超过 10 亿。

2012 年,Wi-Fi 芯片年出货量达到 10 亿。

2019 年,Wi-Fi 联盟宣布启动 Wi-Fi 6 认证计划,Wi-Fi 联盟将基于 IEEE 802.11ax 标准的 Wi-Fi 正式纳入正规军,称为第六代 Wi-Fi 技术,即 Wi-Fi 6。

3. 技术优势

作为一种高速稳定的无线传输技术,Wi-Fi 具有以下优势:

(1)范围广,无线覆盖。

(2)速度快,可靠性高。

(3)建网易,不需要布线。

4.3.2 系统构成

1. 基本结构

Wi-Fi 网络架构主要包括六部分:

(1)站点:网络最基本的组成部分。

(2)基本服务单元:网络最基本的服务单元,站点可以动态地连接到基本服务单元。

(3)分配系统:用于连接不同的服务单元。

(4)接入点:既有普通站点的身份,又有接入到分配系统的功能。

(5)扩展服务单元:由分配系统和基本服务单元组合而成。

(6)关口:用于将无线局域网和有限局域网或者其他网络联系起来。

2. 工作原理

无线电信号是使 Wi-Fi 网络成为可能的关键。Wi-Fi 天线发射的这些无线电信号被 Wi-Fi 接收器(例如配备有 Wi-Fi 卡的计算机和手机)拾取。每当计算机接收到 Wi-Fi 网络范围内的任何信号(通常是 300~500 英尺的天线,1 英尺约为 0.3 米)时,Wi-Fi 卡将读取信号,并因此在用户和网络之间创建互联网连接而无须借助实体线。图 4-11 所示为模拟 Wi-Fi 天线信号图。

由天线和路由器组成的接入点是发送和接收无线电波的主要来源。天线工作更强大，无线电传输半径 300 ～ 500 英尺，用于公共场所，而较弱但有效的路由器更适合 100 ～ 150 英尺无线电传输的家庭。

下面列举生活中常见的两种 Wi-Fi 场景。

（1）Wi-Fi 卡。可以将 Wi-Fi 卡看作是将计算机连接到天线以直接连接互联网的隐形线。

Wi-Fi 卡可以是外部的或内部的。如果计算机中未安装 Wi-Fi 卡，则可以购买 USB 天线附件，并将其从外部连接到 USB 端口，或者直接将安装天线的扩展卡安装到计算机上。对于笔记本式计算机，此卡将成为 PCMCIA 卡，用户可以将其插入笔记本式计算机上的 PCMCIA 插槽。

（2）Wi-Fi 热点

通过安装访问点到互联网创建 Wi-Fi 热点。接入点通过短距离传输无线信号。Wi-Fi 热点通常覆盖约 300 英尺。当支持 Wi-Fi 的设备（如手机，见图 4-12）遇到热点时，设备可以无线连接到该网络。

图 4-11　模拟 Wi-Fi 无线信号图

图 4-12　Wi-Fi 热点

Wi-Fi 作为有线联网方式的重要补充和延伸，已逐渐成为计算机网络中一个至关重要的组成部分，广泛应用于众多行业，如金融证券、教育、大型企业、工矿港口、政府机关、酒店、机场、军队等。其产品主要包括：无线接入点、无线网卡、无线路由器、无线网关、无线网桥等。

4.3.3　典型应用

1. 太阳能 Wi-Fi 无人机低空领域应用

地处中国陕西省的西北工业大学研制出一款太阳能 Wi-Fi 无人机，名为"魅影"，它能为应急救灾、野外科考等提供网络通信。经过上百次飞行试验，该无人机在低空领域的应用已基本成熟。这款名为"魅影"的太阳能无人机历时 10 年研发而成。无人机机身贴满晶硅板，利用太阳能发电。机身展长 7 m，机长 1.2 m，侧身伸出两只可拆卸的"翅膀"，是一架固定翼无人机（见图 4-13）。飞机内部搭载 1 公斤重的特制路由器，与碳纤维机身合在一起，总重量不超过 16 kg。

提及研发这款无人机的初衷，西北工业大学航空学院教授、"魅影"项目团队带头人周洲提及：2008 年中国汶川地震发生后，很多通信塔基站倒塌，手机信号中断，为救援带来巨大阻力。2009 年，"魅影"太阳能无人机团队正式成立，2015 年，"魅影"样机试飞成功，飞行至 500 m 高空时，其信号

图 4-13 无人机

覆盖面可以达到 300 km²,信号强度可以满足地震等自然灾害发生时的网络需求,可抗七级风力。周洲解释,"空中 Wi-Fi 基站"相当于让路由器飞起来,"原理是把手机信号传输到小地面站,即一个手提计算机,再通过地面站传输到飞机路由器上。"据介绍,在中国黄土高原、青藏高原开展飞行试验时,该无人机最高续航时间可达 19 小时 34 分,是目前中国无人机续航时间的最高纪录保持者。

2019 年 4 月,"魅影"获得了第 47 届日内瓦国际发明展创新特别大奖及金奖两个奖项。该奖项自 1973 年创办,每年都在日内瓦举办,是全球历史最长、规模最大的发明展之一。

2. 热点覆盖

Wi-Fi 技术作为无线接入和网络互联方式,配以网关和服务器设备,可以组建无线信息共用网,如图 4-14 所示。

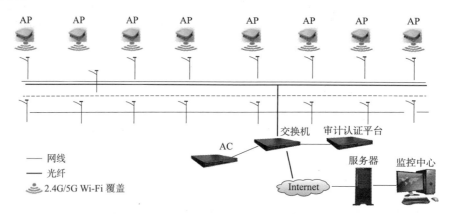

图 4-14 Wi-Fi 热点覆盖示意图

3. 在煤矿或井下应用

由于 Wi-Fi 设备的功率较小,符合煤矿安全要求,是可用于井下环境的安全型设备,并且可以改变井下无线通信长久以来一直徘徊在窄频范围的现状,使无线通信方式在井下得到更多的运用,如图 4-15 所示。

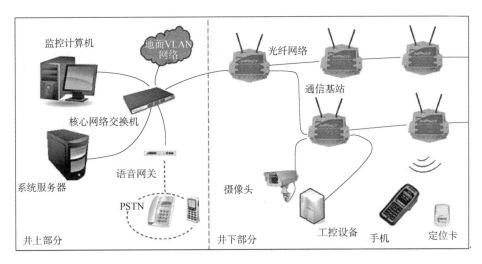

图 4-15   Wi-Fi 在矿井下的应用示意图

4.4   NFC 技术

NFC 全称为 Near Field Communication(见图 4-16),也就是近场通信,是一种极短距离的无线射频识别通信协议技术标准。该技术是由诺基亚(Nokia)、飞利浦(Philips)和索尼(Sony)等著名厂商联合主推的一项无线技术。它是一种新兴的技术,使用了 NFC 技术的设备(例如移动电话)可以在彼此靠近的情况下进行数据交换,是由非接触式射频识别(RFID)及互连互通技术

图 4-16   NFC

整合演变而来的,通过在单一芯片上集成感应式读卡器、感应式卡片和点对点通信的功能,利用移动终端实现移动支付、电子票务、门禁、移动身份识别、防伪等应用。

4.4.1   技术概况

1. 技术背景

2003 年,索尼(Sony)公司和当时的飞利浦(Philips)半导体(现恩智浦 NXP 半导体)进行合作,计划基于非接触式射频卡技术研发一种更加安全快捷并且能与之兼容的无线通信技术。经过几个月的研发后,双方联合对外发布了一种兼容 ISO 14443 非接触式卡协议的无线通信技术,取名为 NFC(Near Field Communication),具体通信规范称作 NFCIP-1 规范。发布 NFC 技术之后,双方向欧洲计算机制造商协会(ECMA)提交标准草案,申请成为近场通信标准,并很快被认可为 ECMA.340 标准,紧接着借助 ECMA 向 ISO/IEC 提交了标准申请并最终被认可为 ISO/IEC 18092 标准。

2. 历史发展

2004 年 3 月 18 日,NFC 论坛成立。

2006 年 6 月,NXP、诺基亚、中国移动厦门分公司与"厦门易通卡"在厦门展开 NFC 测试,该项合作是中国首次 NFC 手机支付的测试。

2006 年 7 月,复旦微电子成为首家加入 NFC 联盟的中国企业,之后清华同方微电子也加入了 NFC 论坛。

2006 年 8 月,诺基亚与银联商务公司宣布在上海启动新的 NFC 测试,这是继厦门之后在中国的第二个 NFC 试点项目,也是全球范围首次进行的 NFC 空中下载试验。

2007 年 3 月,由欧盟委员会及信息社会技术(IST)项目共同投资,多家公司、大学和用户共同组织成立了泛欧联盟,旨在开发开放式架构,以进一步开发和部署近距离无线通信(NFC)技术,并推动其在手机中的应用。

3. 技术特点

NFC 使得用户只要将两个电子装置贴在一起,就可以安全地交换两个电子装置中各种各样的数据。在短距离范围中进行通信,以简化整个识别过程,使电子设备更直接、更安全、更清楚地相互沟通。该技术具有以下特点:

(1)距离近、能耗低。NFC 是一种能够提供安全、快捷通信的无线连接技术,它采取了独特的信号衰减技术,其通信距离不超过 20 cm。由于其传输距离较近,能耗相对较低。

(2)NFC 更具安全性。NFC 是一种近距离连接技术,提供各种设备间距离较近的通信。与其他连接方式相比,NFC 是一种私密通信方式,加上其距离近、射频范围小的特点,其通信更加安全。NFC 与现有非接触智能卡技术兼容。NFC 标准目前已经成为众多主要厂商支持的正式标准,很多非接触智能卡都能够与 NFC 技术相兼容。

(3)传输速率较低。NFC 标准规定的数据传输速率有 3 种,最高的仅为 424 kbit/s,不适合诸如音频/视频流等需要较高带宽的应用。

4.4.2　工作模式

NFC 是一种短距高频的无线电技术,NFCIP-1 标准规定 NFC 的通信距离为 10 cm 以内,运行频率为 13.56 MHz,传输速度有 106 kbit/s、212 kbit/s 和 424 kbit/s 3 种。NFCIP-1 标准详细规定 NFC 设备的传输速度、编解码方法、调制方案以及射频接口的帧格式,此标准中还定义了 NFC 的传输协议,其中包括启动协议和数据交换方法等。NFC 设备有两种工作模式:被动模式和主动模式。

1. 被动模式

被动模式中 NFC 发起设备(也称为主设备)需要供电设备,主设备利用供电设备的能量来提供射频场,并将数据发送到 NFC 目标设备(也称为从设备),传输速率需在 106 kbit/s、212 kbit/s 和 424 kbit/s 中选择其中一种。从设备不产生射频场,所以可以不需要供电设备,而是利用主设备产生的射频场转换为电能,为从设备的电路供电,接收主设备发送的数据,并且利用负载调制(Load Modulation)技术,以相同的速度将从设备数据传回主设备。因为此工作模式下从设备不产生射频场,而是被动接收主设备产生的射频场,所以被称作被动模式。在此模式下,NFC 主设备可以检测非接触式卡或 NFC 目标设备,与之建立连接。NFC 被动工作模式示意图如图 4-17 所示。

2. 主动模式

主动模式中,发起设备和目标设备在向对方发送数据时,都必须主动产生射频场,所以称为主动模式,它们都需要供电设备来提供产生射频场的能量。这种通信模式是对等网络通信的标准模式,可以获得非常快速的连接速率。NFC 主动工作模式示意图如图 4-18 所示。

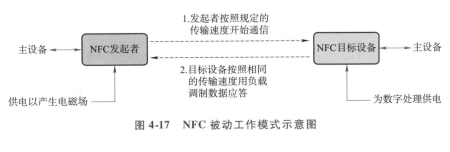

图 4-17　NFC 被动工作模式示意图

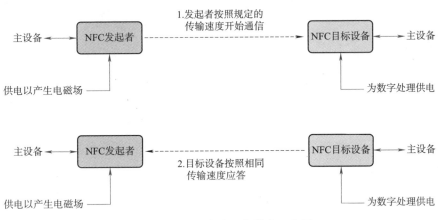

图 4-18　NFC 主动工作模式示意图

4.4.3　技术应用

目前,NFC 在企业、政府、零售等行业得到广泛应用,而在手机中更是被越来越广泛地应用与普及。具体来讲,目前,NFC 技术在手机上的应用主要有接触通过、接触支付、接触连接、接触浏览和下载接触五类。

1. 交通刷卡

这是很多人都在使用的一个功能(见图 4-19)。其实,我们平时使用的公交卡就是一张 NFC 芯片,因此,支持 NFC 功能的手机能够在公交地铁上代替公交卡进行支付。而 NFC 手机公交刷卡相较于普通的公交卡或一卡通也有很多的便利之处:首先,在公交卡没钱的情况下,它可以让用户免去排队烦恼,直接在手机上进行充值;其次,能够查看余额信息;最后,它也免去了出门忘带公交卡的麻烦。

在这里需要说明的一点是,要想用手机代替公交卡,仅仅手机支持 NFC 功能还不够,手机卡还需支持一卡通,不支持的用户可以去营业厅换卡,无须换号。然而,手机卡虽然与一卡通合二为一了,但是目前还仍属两个账户,即手机卡的话费和一卡通中的交通费还是相互独立的。好处是当手机欠费时不会影响手机刷卡;而不方便的是,当一卡通或手机欠费时,其中一个账户不能及时补给另一个账户,如一卡通中没钱了而手机话费还有很多,一卡通不能直接扣话费刷卡,有时就会很尴尬。

2. 移动支付

移动支付已经成为人们生活中的常规行为(见图 4-20),支付宝、微信支付火遍大街小巷。

Apple Pay、Samsung Pay 和小米支付等移动支付的流行，又让移动支付火了一把。而无论是 Apple Pay、Samsung Pay 还是小米支付，使用了都是手机的 NFC 功能。

图 4-19 手机 NFC 功能

图 4-20 手机支付

相较微信、支付宝的二维码扫码支付，NFC 支付也有很多优势。首先安全性更好，具有不可复制性，也无须获取用户信息；此外，NFC 支付更加便捷，无须联网，只要在支持银联闪付的 POS 机上刷卡支付即可。

3. 数据传输

将两部手机背部背靠背贴在一起（对准两部手机的 NFC 区域，见图 4-21），然后选择想要传输的内容即可。数据传输可在两部手机间近距离传输包括图片、音乐、通讯录等内容。

4. 充当门禁卡

此功能用到的是 NFC 的卡模式，具备 NFC 功能的智能手机可读取和写入门禁卡信息，然后便可化身门禁卡使用了（见图 4-22）。

图 4-21 数据传输

图 4-22 手机刷门禁

5. 信息读取

该功能是在 NFC 的读卡器模式下，具备读写功能的 NFC 手机可从 TAG 中采集数据，然后根据应用的要求进行处理。有些应用可以直接在本地完成，而有些应用则需要通过与网络交互才能完成。基于该模型的典型应用包括电子广告读取和车票、电影院门票售卖等。如在电影海报或展览信息背后贴有 TAG 标签，用户可以利用支持 NFC 协议的手机获得有关详细信息，或是立即联机使用信用卡购票。此外，还能获取公交站站点信息、公交地图等信息（见图 4-23）。

此外,NFC 功能还可以使手机与其他支持 NFC 功能的设备相连接,如一些支持蓝牙的音箱可通过 NFC 与手机相连,与相应的打印机相连可直接打印手机里的照片等(见图 4-24)。

图 4-23　数据读取

图 4-24　无线打印

　　而手机 NFC 也有自身的局限,如 NFC 数据传输的限制非常多,传输距离非常严格,必须在 10 cm 范围内。同时,该功能的兼容性并不好,不同品牌手机往往会出现传输不兼容情况,从而使该功能体验大打折扣。

　　因此,手机 NFC 功能可以说是手机中最低调的一个功能了,它可以给我们的生活带来许多便利。虽然很多功能被更先进工具所代替,其地位也越来越低,甚至一般情况下人们经常将其忘记,但是 NFC 还是有自己的用户的。雪中送炭固然感人,但是锦上添花未尝不是一种美。

单 元 小 结

　　本单元主要介绍了 Bluetooth(蓝牙)、ZigBee、Wi-Fi、NFC 等无线传输技术的概况与特点,阐述了其基本工作原理,分析了系统结构,并展示了典型的产品应用。

　　Bluetooth 技术是一种短距离无线通信技术。本章介绍了蓝牙技术的背景、特点和系统结构、协议体系,并展示了应用模型、产品和组网应用。

　　ZigBee 是一种新兴的近距离、低复杂度、低功耗、低数据传输速率、低成本的无线网络技术。本章介绍了 ZigBee 技术的背景、特点和系统构成,讨论了它的适用环境,并介绍了在工业生产与管理、楼宇自动化、智能医疗等众多领域的应用。

　　Wi-Fi 是一种可以将个人计算机、PDA、手机等终端以无线方式互相连接的技术。本章介绍了 Wi-Fi 技术的背景、优势、基本结构,介绍了它在无人机、无线信息公用网、热点覆盖以及煤矿或井下的应用。

　　NFC 是一种极短距离的无线射频识别通信协议技术标准。本章介绍了 NFC 技术的背景、发展、特点,分析了它的工作模式、技术应用。

思考与练习

简答题

1. 什么是 Bluetooth 技术?请简述其特点。

2. 简述蓝牙系统的构成。

3. ZigBee 技术有哪些主要优势？

4. 画图说明 ZigBee 组网的几种拓扑结构。

5. 试分析 Wi-Fi 技术的优势和局限性。

6. 简述 NFC 技术的特点。

7. 试分别说明 NFC 设备的两种工作模式。

8. 试例举 Bluetooth 技术，ZigBee 技术及 NFC 技术的三种典型应用。

单元 ⑤ 物联网安全

一个新生事物必然会经历一个曲折的发展过程。正如所有新生事物一样,物联网的发展也是一个由弱变强、逐渐成长壮大的过程。在物联网得到广泛应用和全面发展之前,其自身还存在许多不完善的地方:全球物联网状况尚处于概念、论证与试验阶段,许多关键技术、标准规范与研发应用等都还处于发展初级阶段,一些关键技术还有待突破,相关的标准规范等也有待制定,在信息安全方面也有许多问题正处于待解决的状态。本单元着重就物联网安全问题进行一些探讨和介绍。

学习目标

- 了解物联网信息安全的概念及意义。
- 了解物联网信息安全的主要威胁及来源。
- 理解物联网信息安全的主要来源与改进措施。

单元知识结构

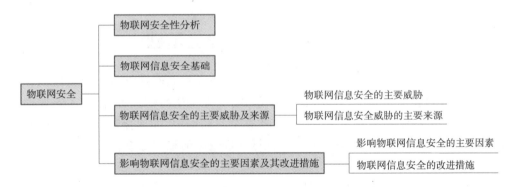

5.1 物联网安全性分析

物联网是建立在 Internet 基础上的一项应用,在 Internet 上存在信息安全问题,在物联网中也同样存在。除此之外,物联网又是一门新技术,是基于 Internet 的一门新技术。既然是新技术,就会具有新技术自己本身的特点,在安全方面同样也表现出一些新的安全问题。当前,物联网逐渐形成了以"云、管、端"为主的 3 层基础网络架构,与传统互联网相比较,物联网的安全问题更加复杂。

1. "端"——终端层安全防护能力差异化较大

终端设备在物联网中主要负责感知外界信息,包括采集、捕获数据和识别物体等。其种类繁多,包括 RFID 芯片、读写扫描器、温度压力传感器、网络摄像头、智能可穿戴设备、无人机、智能空调冰箱、智能汽车……体积从小到大,功能从简单到丰富,状态或联网或断开,且都处于白盒攻击环境中。由于应用场景简单,许多终端的存储、计算能力有限,在其上部署安全软件或者高复杂度的加解密算法会增加运行负担,甚至可能导致无法正常运行。而移动化作为物联网终端的另一大特点,更是使得传统网络边界"消失",依托于网络边界的安全产品无法正常发挥作用。加之许多物联网设备都部署在无人监控场景中,攻击者更容易对其实施攻击。

2. "管"——网络层结构复杂,通信协议安全性差

物联网的网络采用多种异构网络,通信传输模型相比互联网更为复杂,算法破解、协议破解、中间人攻击等诸多攻击方式以及 Key、协议、核心算法、证书等暴力破解情况时有发生。物联网数据传输管道自身与传输流量内容安全问题也不容忽视。目前,已经有黑客通过分析、破解智能平衡车、无人机等物联网设备的通信传输协议,实现对物联网终端的入侵、劫持。在一些特殊物联网环境里,传输的信息数据仅采用简单加密甚至明文传输,黑客通过破解通信传输协议,即可读取传输的数据,并进行篡改、屏蔽等操作。

3. "云"——平台层安全风险危及整个网络生态

物联网应用通常是将智能设备通过网络连接到云端,然后借助 App 与云端进行信息交互,从而实现对设备的远程管理。云平台能够对物联网终端所收集的数据信息进行分析与管理,以及对网络的安全管理,如对设备终端的认证、对攻击的应急响应和监测预警,以及对数据信息的保护和安全利用等。物联网平台未来多承载在云端,目前,云安全技术水平已经日趋成熟,而更多的安全威胁往往来自内部管理或外部渗透。如果企业内部管理机制不完善、系统安全防护不配套,那一个小小的逻辑漏洞就可能让平台或整个生态彻底沦陷。而外部利用社会工程学的非传统网络攻击始终存在,一旦系统成为目标,那么再完善的防护措施都有可能由外至内功亏一篑。

5.2 物联网信息安全基础

在物联网的建设中,信息安全是整个物联网不可或缺的重要组成部分。在物联网中存在大量的感知数据,以无线传输为主要手段进行信息传输,以及智能化的信息处理,除了需要面对传统的网络安全问题,还需要面临许多新的安全挑战。在整个互联网中,如何保证应用中的信息安全和隐私,有效防止各种信息丢失和盗用,将是互联网发展和推进中的重中之重。

1. 信息安全的概念

所有的信息在存储、处理和交换的过程中,都会存在着泄露以及被截取、窃听、篡改和伪造的可能。如果仅仅采用单一的保密手段,很难保证通信和信息的安全性,必须通过各种保密措施的综合应用,诸如技术上的、管理上的,以及行政手段等来实现从信源、信号、信息等环节去保护,以保护信息安全。

2. 信息安全的基本属性

信息安全的基本属性主要表现在保密性、完整性、真实性、可用性、不可抵赖性、可靠性等方面。

(1)保密性。保密性是网络信息不被泄露给非授权的用户、实体、过程,或供其利用的特性。即,防止信息泄漏给非授权个人或实体,信息只为授权用户使用的特性。保密性是在可靠性和可用性基础之上,保障网络信息安全的重要手段。

(2)完整性。完整性是网络信息未经授权不能被改变的特性。即网络信息在存储或传输过程中保持不被偶然或蓄意地删除、修改、伪造、乱序、重放、插入等。完整性是一种面向信息的安全性，它要求保持信息的原样，即信息的正确生成、正确存储和传输。

（3）真实性。真实性是保证所有的信息在存储、处理和交换的过程中，不会存在泄露以及被截取、窃听、篡改和伪造的可能，保证信息的真实性。

（4）可用性。可用性是网络信息可被授权实体访问并按需求使用的特性。即网络信息服务在需要时，允许授权用户或实体使用的特性，或者是网络部分受损或需要降级使用时，仍能为授权用户提供有效服务的特性。可用性是网络信息系统面向用户的安全性能。网络信息系统最基本的功能是向用户提供服务，而用户的需求是随机的、多方面的，有时还有时间要求。可用性一般用系统正常使用时间和整个工作时间之比来度量。

（5）不可抵赖性。不可抵赖性也称作不可否认性，在网络信息系统的信息交互过程中，确信参与者的真实同一性。即，所有参与者都不可能否认或抵赖曾经完成的操作和承诺。利用信息源证据可以防止发信方不真实地否认已发送信息；利用递交接收证据可以防止收信方事后否认已经接收的信息。

（6）可靠性。可靠性是网络信息系统能够在规定条件下和规定的时间内完成规定功能的特性。可靠性是系统安全的最基本要求之一，是所有网络信息系统的建设和运行目标。网络信息系统的可靠性测度主要有 3 种：抗毁性、生存性和有效性。

5.3　物联网信息安全的主要威胁及来源

5.3.1　物联网信息安全的主要威胁

1. 被劫持的设备发送垃圾邮件

诸如 Samsung Family Hub 冰箱之类的智能设备具有与现代平板电脑相同的计算能力和功能，这意味着它们可以被劫持并变成电子邮件服务器。在 2014 年信息安全研究公司 Proofpoint 的一项调查中，发现一台智能冰箱发送了数千封垃圾邮件，而其所有者并未发现这个问题。

与上述发送垃圾邮件的智能冰箱类似，物联网设备可能被迫加入恶意僵尸网络，其最终目的是进行分布式拒绝服务（DDoS）攻击。

黑客已经针对婴儿监视器、流媒体盒、网络摄像头甚至打印机进行大规模的 DDoS 攻击，这些攻击已经破坏了域名系统服务器。

2. 隐私泄露

熟练的黑客只需通过识别泄露（IP）地址的不安全物联网设备就可能造成相当大的破坏，而 IP 地址又可用于精确定位住宅位置。信息安全专家建议通过虚拟专用网络（VPN）技术保护物联网连接。现在可以通过在路由器上安装 VPN 来加密通过 ISP 的所有流量，而其他物联网设备的功能也类似。使用正确的 VPN，用户可以保护整个智能家庭网络并保护个人 IP 隐私。

3. 不安全的设备

自物联网诞生以来，这种威胁一直是最危险的，而且部分设备制造商负有一定的责任。当这些默认"admin"为用户名和"1234"为密码的物联网设备送到商店时，除非制造商通过说明和参考资料指导，否则不能期望所有的消费者会更改密码。

4. 家庭入侵

家庭入侵是最可怕的威胁,因为物联网将虚拟空间与物理世界联系起来。如上所述,不安全的设备可以传播 IP 地址,黑客可以利用这些漏洞找到用户住宅地址并将这些信息出售给不法分子。这就是为什么需要更安全的密码和通过 VPN 连接对物联网。

5. 远程车辆劫持

随着智能驾驶汽车从科幻电影中走进现实,我们就不可避免的要面临这样的问题:如何防止这些智能汽车被黑客入侵?

人们只能想象恶意攻击者远程访问控制正在行驶车辆的后果。不过,值得庆幸的是,汽车制造商正密切关注这一风险。

过去,通过微软与福特汽车公司合作开发的同步信息娱乐系统发现了一些可能影响连接的问题。好在这是在无线宽带广泛使用之前,因此开发人员有时间采取相应的应对措施。例如,最近,在两位安全研究人员能够对某些功能进行无线控制之后,克莱斯勒迅速调整了吉普切诺基的信息娱乐系统。

5.3.2　物联网信息安全威胁的主要来源

信息安全威胁的主要来源如下:

(1)自然灾害,意外事物。

(2)计算机犯罪。

(3)人为错误,比如使用不当、安全意识差等。

(4)"黑客"行为。

(5)内部泄露。

(6)外部泄露。

(7)信息丢失。

(8)电子谍报,比如信息流量分析、信息窃取等。

(9)信息战。

(10)网络协议自身缺陷,如 TCP/IP 的安全问题等。

(11)嗅探。嗅探器可以窃听网络上流经的数据包。

5.4　影响物联网信息安全的主要因素及其改进措施

5.4.1　影响物联网信息安全的主要因素

多方面的因素导致了物联网已经逐步成为网络信息安全"重灾区",其中既有物联网本身技术特点逐步累积形成的特性,也有新兴行业在高速发展过程中存在的通病。主要因素如下。

1. 产业结构复杂

物联网在发展过程中逐渐形成了较为完整的生态体系,但在三层架构的基础上更涉及了众多产业链环节,导致参与角色众多、结构复杂。从终端层的硬件芯片、传感器、无线模组,到网络层各通信运营商,再到平台应用层的软件开发、系统集成、平台服务,这其中各个环节都在整个产业链中不可或缺。这就需要各个环节紧密配合、统一认识才能确保不出现大的安全问题。

2. 安全意识淡薄

全球物联网市场规模越来越庞大,而在产业高速发展、规模急剧扩张的背后,是物联网厂商安全意识淡薄、安全投入不足的现状。一方面,物联网设备数量庞大、价格低廉,很多厂商为压缩成本对安全投入严重不足。2018 年,全球物联网安全支出达到 15 亿美元,年增长率保持在 27% 左右,这跟市场规模相比甚至不足 1‰,差距较大。另一方面,多数物联网设备和硬件制造商无法像互联网企业一样重视安全,缺乏安全意识和人才储备。AT&T 对全球 5 000 多家企业调查发现,85% 的企业正在或打算部署物联网设备,而仅 10% 的企业表示有信心保护设备免受黑客攻击。

3. 监管政策及标准体系匮乏

2013 年,国务院在《关于推进物联网有序健康发展的指导意见》中提出"要加强物联网重大系统和应用的安全测评、风险评估和安全防护工作,保障物联网重大基础设施、重要业务系统和重点领域应用的安全可控",但目前尚未进入实质性阶段,相关政策法规有待落地。在安全标准体系建设方面,虽然行业内已有多个物联网组织在推进物联网标准体系建设,但由于物联网技术更新快、应用场景丰富,导致物联网标准体系建设步伐滞后于物联网发展,且缺乏完善的安全标准体系和成熟的安全解决方案。

5.4.2 物联网信息安全的改进措施

1. 在监管层面

加强监管落实,推动物联网领域的安全标准制订。建议加强整体行业安全管理,建立安全性、合规性检测机制,提高行业准入门槛,约束发展乱象,从安全框架体系、安全测评、风险评估、安全防范、安全处置方案等方面推动标准规范制订和落地。

2. 在产业层面

推动构建物联网全生命周期立体防御体系。在硬件、操作系统、通信技术、云端服务器、数据库等各个模块之间做好统一的安全体系建设,从开发到制造、集成,把安全设计融入到物联网产品生命周期每个步骤,从芯片到硬件、软件、系统,将安全防护作为物联网每个环节必要的配套手段,推动整个产业对安全需求从被动转为主动,让安全紧跟产业发展步伐。

3. 在技术层面

加快物联网安全技术发展及防范技术研究。建议设备厂商、研究机构等加大对物联网软硬件、操作系统、通信协议、云平台等方面的安全技术的关注力度,研发有效的安全威胁监测发现技术和安全防护技术,团结行业力量打造物联网安全生态。

4. 在宣传层面

普及信息安全知识,提高安全意识。建议企业树立正确的发展观念,同步重视网络信息安全,同时对物联网从业人员进行安全知识普及和技术培训,提高从业人员的安全意识和知识技能。此外,建议提高用户网络信息安全意识,在挑选使用物联网产品的同时注重安全防范。

单 元 小 结

物联网许多关键技术、标准规范制订与应用研发等都还处于初级阶段,一些关键技术还有待突破,相关的标准规范也有待制订,尤其在信息安全方面有许多问题有待解决。本单元就物联网安全问题进行了一些探讨和介绍,着重介绍物联网信息安全体系、物联网认证加密机制以及物联网感知层数据的完整性和保密性方面。

思考与练习

一、简答题

1. 简述物联网信息安全的概念。

2. 简述物联网信息安全的主要威胁。

3. 简述物联网信息安全的改进措施。

二、填空题

1. 物联网信息安全的基本属性主要包含、_____、_____、_____、_____和_____。

2. 列举物联网信息安全威胁的主要来源有_____、_____、_____。

单元 ⑥ 物联网应用

在之前单元的基础上，了解近年提出的物联网应用理念和物联网在现实中的典型应用案例，最后展望物联网未来的发展趋势。

学习目标

- 了解智慧地球、感知中国、数字城市等物联网应用理念。
- 了解物联网技术应用未来发展的十大趋势。
- 熟悉物联网应用典型领域。

单元知识结构

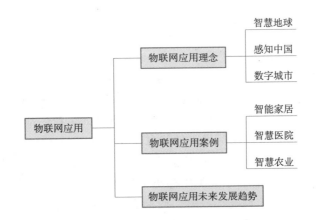

6.1 物联网应用理念

2005 年，国际电信联盟（ITU）发布了《互联网报告 2005：物联网》，从此"物联网"的概念日益深入人心。美国、中国、加拿大、英国等国家纷纷加强对物联网研究的投入，"智慧地球""智慧地球""U-Japan""U-Korea""智慧城市"等理念和项目陆续提出。

6.1.1 智慧地球

"智慧地球"是 2008 年由 IBM 公司首次提出的。与以往提出的商业和技术层面的理念不同，"智慧地球"是 IBM 长期跟踪世界经济的发展趋势、分析全球市场变化而发现并制定出来的。

"智慧地球"指出人类历史上第一次出现了几乎任何东西都可以实现数字化和互联的现实，通过越来越多的低成本新技术和网络服务,在未来,所有的物品都有可能安装并应用智能技术,进而向整个社会提供更加智能化的服务,从而为社会发展和经济进步提出了一条全新的发展思路。人们将会了解到摆在餐桌上的食物来自哪块土地、运输过程中经过了哪些环节;试衣间里的数字购物助手会自动通知导购人员送来合适尺码和颜色的衣物;去医院看病时,再也不用排大队、一个个窗口跑来跑去;厨房里的自来水也可以放心饮用,因为水在整个输送过程都在被严密监控着。这一切似乎是科幻内容,而实际上,强大的科技和社会发展动力正在将这一切带入现实。

6.1.2 感知中国

"感知中国"是 2009 年时任总理温家宝在无锡提出的。"要在激烈的国际竞争中,迅速建立中国的传感信息中心或'感知中国中心'"。为认真贯彻落实总理的讲话精神,加快建设国家"感知中国"示范区(中心),推动中国传感网产业健康发展,引领信息产业第三次浪潮,培育新的经济增长点,增强可持续发展能力和可持续竞争力,无锡市委、市政府迅速行动起来,专门召开市委常委会和市政府常务会议进行全面部署,精心组织力量,落实有力措施,全力以赴做好建设国家"感知中国"示范区(中心)的相关工作。

2009 年,经国务院批准,国家传感网创新示范区建设在无锡开启。当时,物联网还是一个较新奇的概念,少有人理解它是什么,也少有人知晓"感知中国"要如何"感知";十年后,这一概念却引出了一个千亿级的"智慧产业"。到 2018 年底,无锡物联网产业营业收入已达 2 638.7 亿元,产业规模接近江苏全省的 1/2,集聚的物联网相关企业超过 2 000 家。

6.1.3 数字城市

数字城市,其高级阶段就是智慧城市。"数字城市"系统是一个人地(地理环境)关系系统,它体现人与人、地与地、人与地相互作用和相互关系。系统由政府、企业、市民、地理环境等既相对独立又密切相关的子系统构成。政府管理、企业的商业活动、市民的生产生活无不体现出城市的这种人地关系。CUDI 国际城市发展研究院认为城市的信息化实质上是城市人地关系系统的数字化,它体现"人"的主导地位,通过城市信息化更好地把握城市系统的运动状态和规律,对城市人地关系进行调控,实现系统优化,使城市成为有利于人类生存与可持续发展的空间。城市信息化过程表现为地球表面测绘与统计的信息化(数字调查与地图),政府管理与决策的信息化(数字政府),企业管理、决策与服务的信息化(数字企业),市民生活的信息化(数字城市生活),以上四个信息化进程即数字城市。

6.2 物联网应用案例

6.2.1 智能家居

1. 应用背景

众所周知,电能在 19 世纪中期开始的第二次工业革命得到广泛应用,电器随之越来越多。而在 20 世纪 30 年代,有人在世界博览会上提出了"家庭自动化"的设想。直到 1984 年,美国联合科技公司将设备信息化、整合化概念应用于建筑,并在美国康涅狄格州出现了首栋智能型建筑。当时那种将电器、通信设备与安全防范设备各自独立的功能综合为一体的系统被称为 Smart Home,智能家居从此面世。

1984 年,美国电子工业协会开始制定家庭总线 CEBUS 协议,用以支持低压电力线路导线、双绞线、同轴电缆、射频、红外线等多种通信介质,并于 1992 年 9 月发布。

1997 年,日本 ECHONET 协会成立,主要为了开发标准化的家庭网络标准规格,并在家庭能源管理、居家疗保健等服务上应用。

1999 年,"维纳斯计划"向信息家电领域挺进,这得益于微软在全球范围力推。基于 Windows CE 的信息家电产品,拟把网络接入电视,从而让中国庞大的电视家庭切换到网络和数字时代。虽然"维纳斯计划"失败了,但中国智能家居却在加速发展。

2000 年,这是智能家居在中国的概念年,通过媒体的宣传,已经有很多大众慢慢了解了"智能家居",有一部分高档小区开始把"智能化"作为一个"亮点"来促销。

2003 年,数字生活联盟(DLNA)成立,目的在解决个人 PC、消费电器、移动设备的无线网络和有线网络的互联互通,让数字媒体和服务内容的共享成为可能。

2004 年,"家庭网络平台标准工作组"的部分骨干成员共同成立了"中国家庭网络标准产业联盟":以家庭网络系统为中心,以完善的产业链形式搭建起家庭网络系统平台。

2007 年,iPhone 2G 在美国上市。随后苹果利用"硬件 + 系统 + 软件商店 + Apple ID"的模式,在智能家居市场先后推出 iPad、iTV 产品。

2009 年 4 月,谷歌正式推出了 Android 1.5 手机并推出了谷歌 TV。

2009 年 9 月,温家宝在无锡发出了"感知中国"的号召,物联网技术迅速在国内掀起了研究、应用高潮,智能家居是物联网技术的重点应用领域。

2011 年 5 月,谷歌发布了 Android@ Home,用 Android 控制家电。苹果和谷歌对智能家居市场的战略调整,让家庭控制中心之争多了两个强有力的产品——智能手机和平板电脑,以手机和平板电脑作为家庭移动控制终端更符合人们的习惯。

2012 年 3 月,中国智能家居联盟成立,该联盟得到了住房和城乡建设部、工业和信息化部、国家质量监督总局和相关科研院所、产业基地领导的支持。

2016 年,中国"十三五"规划纲要提出,加强现代信息基础设施建设,推进大数据和物联网发展,积极推动智慧城市和智能家居的建设。国家政策的支持,使得智能家居飞速发展,普及智能家居变得不再遥远。

2018 年,中国的"两会"上,政府工作报告提出"发展智能产业,拓展智能生活"。加强智慧社区的推广和建设,不少机构研究认为,智能家居是下一个亿万元级的市场。

智能家居自从它面世到今天,已经有了非常迅速的发展,现在有许多家庭都已经用上智能家居,哪怕只是一个像电动窗帘、智能音响等单品,这已经足以说明智能家居已经被大众所接受,并呈现出一个"普及程度越来越高"的发展势态。

2. 典型应用

智能家居图景如图 6-1 所示。下面描述一下智能家居系统中几个应用场景。

(1)安防监控。在家或在外都安心,无论人在哪,都能看到家中情况,有人进入房屋,或车库门未关,或地下室漏水时,都会收到提醒。智能技术让平安触手可及。

(2)电动窗帘。一键设置,情景模式,智能控制,清晨拉开时间到,窗帘徐徐拉开,傍晚关闭时间到,窗帘自动关闭。临时拉开或者关闭,只需使用遥控器,轻轻按一下"打开"或者"关闭"按键即可。

（3）随心控制。通过直观的控制方式实现节能,舒适的家居系统还能降低空调能耗、方便地控制温度和湿度。

（4）网络化解决方案。无线 Wi-Fi 覆盖,智能远程操控,流量分级处理,所有产品都针对家庭设备互联需求而专门设计。

（5）远程交互。人机交互,远程控制家电设备,智能照明无限远程控制,实时视频监控。

（6）影音娱乐。高配影音设备,带来赏心悦目、稳定可靠的高效能的影音娱乐体验。

（7）智能家电。自动感知住宅空间状态和家电自身状态、家电服务状态,能够自动控制及接收住宅用户在住宅内或远程的控制指令。

（8）智能照明。全宅灯光智能化,体验智能的可能性。优雅美观的场景面板,替换掉原来杂乱无章的开关。一键控制照明,灯光智能场景,为家居锦上添花。

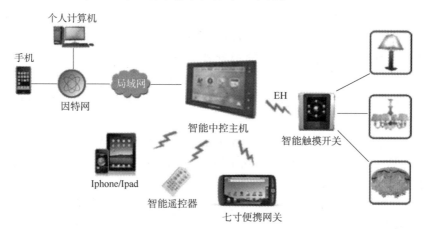

图 6-1　智能家居图景

3. 典型设备与技术选型

下面简要分析智能家居系统中所涉及的典型技术和设备。

（1）传感器与传感技术。采用微机电、传感器技术,设备如烟雾传感器、温度传感器(比如影响窗户、窗帘、空调的开关)、自动电机(控制窗帘、车库门、水阀、燃气开关)。

（2）家庭网关与组网技术。采用总线、蓝牙、ZigBee、Wi-Fi、电力线,双绞线、以太网等组网技术,设备如智能家居超级终端(家庭网关)、无线路由器、声关报警器、半球形摄像机、智能家电等。

（3）网络设备与网络通信、云计算技术。采用三网融合、移动互联网与云计算平台等技术,设备如智能手机、平板电脑、交换机、路由器、移动基站、光纤设备、超级服务器等设备。

6.2.2　智慧医院

1. 应用背景

由于国内公共医疗管理系统的不完善,医疗成本高、渠道少、覆盖面低等问题困扰着大众民生。尤其以"效率较低的医疗体系、质量欠佳的医疗服务、看病难且贵的就医现状"为代表的医疗问题为社会关注的主要焦点。大医院人满为患,社区医院无人问津,病人就诊手续烦琐等问题主要是由于医疗信息不畅、医疗资源两极化、医疗监督机制不全等原因导致,这些问题已经成为影响社会和谐发展的重要因素。所以需要建立一套智慧的医疗信息网络平台体系,使患者用较短的等疗时间、支付基本的医疗费用,就可以享受安全、便利、优质的诊疗服务。从根本上解决"看病难、看病贵"等问题,真正做到"人人健康,健康人人"。

2. 典型应用

(1)智能医疗监护。智能医疗监护是指通过感知设备采集体温、血压、脉搏等多种生理指标,对被监护者的健康状况进行实时监控。

(2)移动生命体征监测。将移动、微型化的电子诊断仪器,如电子血压仪、电子血糖仪等植入到被监护者体内或者穿戴在被监护者身上,持续记录各种生理指标,并通过内嵌在设备中的通信模块以无线方式及时将信息传输给医务人员或者家人。移动生命体征监测可以不受时间和地点的约束,既方便了被监护者,还可以弥补医疗资源的不足,缓解医疗资源分布不平衡的问题。

(3)医疗设备及人员的实时定位。在医疗服务过程中,对于医务人员、患者、医疗设备的实时定位可以很大程度地改善工作流程,提高医院的服务质量和管理水平,可以方便医院对特殊病人(如精神病人、智障患者等)的监护和管理,可以对紧急情况进行及时的处理。

(4)行为识别及跌倒检测。行为识别系统是用于计量用户走路或者跑步的距离,从而计算运动所消耗的能量,对用户的日常饮食提供建议,保持能量平衡和身体健康。跌倒检测系统是对一些特殊人群特别是高血压患者等进行意外摔倒的检测,并迅速报警。

(5)远程医疗。远程医疗监护系统支持家庭社区远程医疗监护系统、医院临床无线医疗监护系统、床旁重患监护和移动病患监护。远程医疗监护系统由监护终端设备和无线专用传感器节点构成了一个微型监护网络。医疗传感器节点用来测量如体温、血压、血糖、心电、脑电等人体生理指标。传感器节点将采集到的数据通过无线通信方式发送至监护终端设备,再由监护终端上的通信装置将数据传输至服务器终端设备上。在远程医疗监护中心,由专业医护人员对数据进行观察,提供必要的咨询服务和医疗指导,实现远程医疗。

(6)医疗用品智能管理。

①药品防伪。RFID 电子标签识别技术在药品防伪方面的应用比较广泛。生产商为生产的每一批药品甚至每一个药瓶都配置唯一的序列号,即产品电子代码。通过 RFID 标签存储药品序列号及其他相关信息,并将 RFID 标签粘贴在每一批(瓶)药品上。在整个流通环节,所有可能涉及药品的生产商、批发商、零售商和用户等都可以利用 RFID 读卡器读取药品的序列号和其他信息,还可以根据药品序列号,通过网络到数据库中检查药品的真伪。

②血液管理。基于 RFID 识别技术的血液管理实现了血液从献血者到用血者之间的全程跟踪与管理。献血者首先进行献血登记和体检,合格后进行血液采集。每一袋合格的血液上都被贴上RFID 标签,同时将血液基本信息和献血者基本信息存入管理数据库。血液出入库时,可以通过读卡器查询血液的基本信息,并将血液的出入库时间、存放地点和工作人员等相关信息记录到数据库中。在血库中,工作人员可以对库存进行盘点,查询血袋的存放位置,并记录血液的存放环境信息。在医院或患者使用血液时,可以读取血液和献血者的基本信息,还可以通过 RFID 编码从数据库中查询血液的整个运输和管理流程。

③医疗垃圾处理。医疗垃圾监控系统实现了对医疗垃圾装车、运输、中转、焚烧整个流程的监控。当医疗垃圾车到医疗垃圾房收取医疗废物时,系统的视频就开始监控收取过程;医疗垃圾被装

入周转桶,贴上 RFID 标签并称重,标签信息和重量信息实时上传到监控系统;医疗垃圾装车时,垃圾车开锁并将开锁信息汇报到监控系统;在运输过程中,通过 GPS 定位系统实时将车辆位置进行上报;在垃圾中转中心,将把垃圾车的到达时间和医疗垃圾的分配时间上报;焚烧中心将上传垃圾车的到达时间,并对垃圾的接收过程进行视频监控,焚烧完毕后将对医疗垃圾周转桶的重量进行比对,并将信息上传给监控系统。

(7)医疗器械智能管理。

①手术器械管理。为每个手术包配置一个 RFID 标签来存储手术器械包的相关信息(包括手术器械种类、编号、数量、包装日期、消毒日期等),医务人员可以通过手持或台式 RFID 读写器对 RFID 标签进行读取或写入,并通过网络技术与后台数据库进行通信,读取或存入手术器械包的管理信息,实现手术器械包的定位、跟踪、监管和使用情况分析。

②医疗器械追溯。随着医学技术的发展,植入性医疗器械在临床医疗中的运用越来越广泛。这类医疗器械被种植、埋藏、固定于机体受损或病变部位,以支持、修复或替代机体功能,包括心脏起搏器、人工心脏瓣膜、人工关节、人工晶体等。植入性医疗器械属于高风险特殊商品,其质量的可靠性、功能的有效性直接关系到接受植入治疗患者的身体健康和生命安全。

(8)智能医疗服务。

①移动门诊输液。移动门诊输液系统实现了门诊输液管理的流程化和智能化,可以提高医院的管理水平和医务人员的工作效率,改善了病人身份及药物的核对流程,方便护士在输液服务过程中有效应答病人的呼叫,改善了门诊输液室的环境,并为医务人员的工作考核提供依据。护士利用扫描枪对病人处方上的条形码进行扫描,根据条形码到医院信息系统中去提取病人的基本信息、医嘱和药物信息等,打印病人佩戴的条形码和输液袋上的条形码。输液时,护士利用移动终端对病人条形码和输液袋条形码进行扫描和比对,并将信息传输到医院信息系统进行核对,以确认病人信息和剂量执行情况。该系统使用双联标签来保证病人身份与药物匹配,减少医疗差错。同时分配病人座位号,在输液过程中实现全程核对,保证用药安全。

②移动护理。移动护理可以协助和指导护士完成医嘱,提高护理质量、节省医务人员时间、提高医嘱执行能力、控制医疗成本,使医院护理工作更准确、高效、便捷。患者佩戴的 RFID 标签可记录患者的姓名、年龄、性别、药物过敏等信息,护士在护理过程中通过便携式终端读取患者佩戴的 RFID 信息,并通过无线网络从医疗信息系统服务器中查询患者的相关信息和医嘱,如患者生理指标、护理情况、服药情况、体温测量次数等。护士可以通过便携式终端记录医嘱的具体执行信息,包括患者生命体征、用药情况、治疗情况等,并将信息传输到医疗信息系统,对患者的护理信息进行更新。

③智能用药提醒。智能用药提醒通过记录药物的服用时间、用法等信息,提醒并检测患者是否按时用药。亚洲大学的团队研发了一款基于 RFID 的智慧药柜,用于提醒患者按时、准确服药。使用者从医院拿回药品后,为每个药盒或药包配置一个专属的 RFID 标签,标签中记录了药的用法、用量和时间。把药放入智慧药柜时,药柜就会记下这些信息。当需要服药时,药柜就会发出语音通知,同时屏幕上还会显示出药的名称及用量等。使用者的手腕上戴有 RFID 身份识别标签。如果药柜发现用户的资料与所取的药品的资料不符合,会马上警示用户拿错了药。如果使用者在服药提醒后超过 30 min 没有吃药,则系统会自动发送消息通知医护人员或者家属。

④电子病历。电子病历用于记录医疗过程中生成的文字、符号、图表、图形、数据、影像等多种

信息,并可实现信息的存储、管理、传输和重现,不仅可以记录个人的门诊、住院等医疗信息,还可以记录个人的健康信息,如免疫接种、健康查体、健康状态等。

3. 典型设备与技术选型

下面分析一下智慧医院系统中所涉及的典型设备和技术。

(1)条形码、二维码、RFID 标签与自动识别技术。采用条形码、二维码、RFID 标签与自动识别技术的设备如条形码、二维码、RFID 标签制作与读写设备,与之关联铃音报警灯辅助设备。

(2)无线传感器与传感器技术。采用传感器技术的设备如温湿度传感器、烟雾传感器、光敏传感器、红外传感器等,以便能够及时感知门诊室、病房、药品库、血库、设备间等地方的温湿度、是否有烟雾、是否有紫外线等辐射线的泄露、是否发生夜间非法进出病房等情况。

6.2.3　智慧农业

1. 应用背景

我国是农业大国,而非农业强国。近 30 年来果园高产量主要依靠农药化肥的大量投入,大部分化肥和水资源没有被有效利用而随地弃置,导致大量养分损失并造成环境污染。我国农业生产仍然以传统生产模式为主,传统耕种只能凭经验施肥灌溉,不仅浪费大量的人力物力,也对环境保护与水土保持构成严重威胁,对农业可持续性发展带来严峻挑战。"智慧农业"这一新概念是在 2014年提出的,其就是针对上述问题,利用实时、动态的农业物联网信息采集系统,实现快速、多维、多尺度的果园信息实时监测,并在信息与种植专家知识系统基础上实现农田的智能灌溉、智能施肥与智能喷药等自动控制。智慧农业突破果园信息获取困难与智能化程度低等技术发展瓶颈。

2. 典型应用

(1)数据平台服务。通过政府与企业或者企业间合作,不断获取多样的数据,将非结构化的数据转化成结构化的数据并挖掘核心数据,创建不同的指标,建立具有针对性的数据模型,以细分领域为切入点,逐步向多元化发展。

(2)无人机植保。不断提高无人机的作业效率以及植保队的作业效率,未来发展方向会以无人机研发企业为主转变为以无人机植保服务企业为主,服务更加精准,更加高效,更加多元。

(3)农机自动驾驶。以农机自动驾驶为起点,运用新技术实现农业的耕种管收各个环节,不断提高测量耕地范围的精度以及感知避让的解决方案,同时实现变量控制、流量控制以及测土配方等一系列问题,解放劳动人力投入,最终实现农机的无人驾驶。

(4)精细化养殖。加强产业链整合,使产品从源头到终端信息可追溯,提升产品品质与质量。研发以计算机视觉图像识别等主要方式的人工智能技术,实时监测、远程控制,提高养殖业生产效率,以技术代替人力实现精细化养殖,最终实现养殖无人化。

3. 典型设备与技术选型

下面分析一下智慧农业系统中所涉及的典型设备和技术。

(1)无线传感器与传感器技术。采用传感器技术的设备如温湿度传感器、烟雾传感器、光敏传感器、红外传感器等。这些设备采集温湿度数据、光照指数、烟雾阈值和是否发生非法动物入侵等。

(2)农业物联网融合网关。融合网关在系统实现中发挥着重要作用,它是连接传感接入网与传输层的纽带。

6.3 物联网应用未来发展趋势

在"智慧地球"和"感知中国"等理念的驱动下,物联网、云计算、大数据等信息领域新技术的发展如火如荼。射频识别技术、无线传感网技术、物联网等技术也取得了重大突破,下面结合目前发展现状对物联网的未来发展趋势进行展望。

趋势一:人工智能(AI)

2019 年全球连网对象数量已达 142 亿,Gartner 预测,在 2021 年将达到 250 亿,因此将产生极大量的数据。Gartner 进一步预估,2023 年前,人工智能的技术分野仍相当复杂,主要是因为许多 IT 厂商正重金投资人工智能技术,除各种人工智能技术并存外,新的服务及相关投资也不断产生。

趋势二:物联网的社会、法律与道德问题

随着物联网普及,各种社会、法律与道德层面的相关问题愈来愈重要,包括欧盟《通用数据保护条例》(GDPR)的法规遵循、数据及演绎数据的拥有权、算法偏差、隐私权等。

趋势三:信息经济学与数据中介(Data Broking)

Gartner 2017 年的物联网项目调查显示,35% 的受访者正在销售或打算销售其产品与服务所搜集的数据,信息经济学理论将这种数据变现的作法,进一步视为应纳入公司账册的策略性商业资产。至 2023 年,买卖物联网数据将成为许多物联网系统必要的一环。

趋势四:从智能边缘转变为智能网格

物联网领域发展趋势,正从中央及云端转变为边缘运算架构;然而物联网技术的发展并不会就此中断,因为层次分明的边缘架构将逐渐演变为一种较无系统的架构,由各式各样对象与服务以动态网格形式组成。这些网格虽然会使整体技术复杂性提升,但也将带来更弹性、更智能、更灵敏的物联网系统,并对 IT 基础架构、技能与来源带来影响。

趋势五:物联网管理

随着物联网范围持续扩展,大众对能确保物联网项目相关信息的创造、储存、使用及删除等行为皆符合标准的管理架构需求日渐提升。管理的范围不只包括装置稽核或软件更新等单纯的技术性工作,也涵盖装置控管及其产生信息的相关使用等较复杂的问题。

趋势六:传感器创新

传感器市场将持续蓬勃发展至 2023 年,届时新的传感器将可侦测范围更广泛的状况与事件,而传感器价格将变得更为亲民,或被重新包装以支持新应用。此外,新运算法的问世,也会从现有的传感器技术上演绎出更多信息。图 6-2 所示为 2018 年世界机器人大会上制作传感器模块的场景。

趋势七:值得信赖的硬件与操作系统

资产安全是企业在部署物联网系统时最重要的技术考虑。这是因为物联网计划中使用的软件与硬件,其来源和性质通常不是企业所能掌控。

趋势八:全新物联网使用者体验

物联网使用者体验广泛涵盖了各种技术与设计技巧。其影响因素有四项:新的传感器、新的运算法、新的体验设计架构及情境、社交感知的体验。

由于大众与不具备屏幕及键盘的对象互动日趋频繁,若企业的使用者体验设计师希望创造能降低阻碍、提升黏着度,并且鼓励持续使用的绝佳使用者体验,就必须运用新的技术、接纳新的观点。图 6-3 所示为首届中国国际进口博览会上观众体验"驾驶"波音客机。

图 6-2 世界机器人大会焊接电路板

图 6-3 体验模拟驾驶飞机

趋势九:硅芯片创新

Gartner 预测到了 2023 年,新的特殊用途芯片将降低运行 DNN(深层神经网络)的电力消耗。具备最新边缘架构与嵌入式 DNN 功能的低功耗物联网终端装置也将诞生,以支持新的应用,例如将数据分析的技术整合在传感器内,或者在低成本的电池供电装置当中加入语音识别技术。图 6-4 所示为华为公司代表在第五届世界互联网大会上介绍华为昇腾 310 芯片。

趋势十:针对物联网设计的全新无线网络技术

物联网网络必须在一系列相互冲突的条件之间取得平衡,如端点成本、耗电量、带宽、延迟状况、联机密度、营运成本、服务质量以及涵盖范围。

没有单一网络技术能同时兼顾这么多条件,不过新的物联网网络技术将可为企业带来一些额外的选择与弹性,尤其是 5G 网络、新一代低轨道卫星,以及反向散射网络(Backscatter Networks)。

图 6-4　介绍华为昇腾 310 芯片

单 元 小 结

本单元介绍了物联网应用的 3 个理念：智慧地球、感知中国与数字城市，主要阐述了物联网在智能家居、智慧医院、智慧农业的应用。

思考与练习

一、简答题

1. 什么是智慧地球？

2. 什么是智慧城市？

3. 什么是智能家居？

二、填空题

1. 列举几个智能家居的设备：_____、_____、_____。

2. 列举智慧医院中的三种应用：_____、_____、_____。

三、实践题

组织几人团队通过网络和实际考察，调研某个医院是否采用了物联网技术。如存在，调研采用了哪些应用。

单元 ⑦ 物联网感知层环境搭建

感知层是物联网系统架构当中最重要的环节,承担着传感器数据获取和执行终端指令的重要任务,这也是物联网和传统互联网的区别之处。

本单元就从感知层的环境搭建入手,按照步骤详细讲解。传感层牵涉多种多样的传感器硬件,还包含众多的控制器件,在没有加入物联网系统之前,我们也能从生活中的各种应用中找到它们的影子,比如直流电机、继电器开关、RFID 门禁、烟雾传感器、温湿度传感器等。后续单元中会按照步骤讲解如何将传感器硬件添加到主控芯片,最终由主控芯片将传感器数据发送至网络中,为后续的物联网系统开发奠定基础。

学习目标

- 了解物联网通信芯片。
- 理解单片机相关知识。
- 掌握物联网感知层开发工具的使用。

单元知识结构

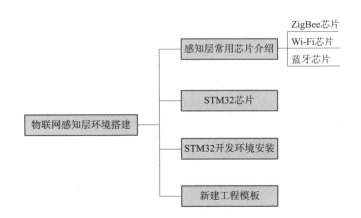

7.1　感知层常用芯片介绍

感知层常用的芯片大多都含有无线通信的能力,这样可以方便地与智能网关进行数据通信。常用的无线通信方式有 Wi-Fi、蓝牙、ZigBee、NB-IOT、lora、4G 等,如果传感器种类繁多,硬件过于复杂,也可以采用功能强大的单片机芯片和无线通信模组组合的方式。图 7-1 所示为各芯片厂商。

图 7-1　芯片厂商

7.1.1　ZigBee 芯片

　　CC2530 是一款 ZigBee 无线芯片(见图 7-2),该芯片采用 STM 工艺批量生产,产品质量一致性好,稳定可靠;芯片可以工作在免费的 2.4 GHz 频段,芯片输入/输出全部引出,用处广泛;芯片免除了客户射频开发的困难;芯片体积小巧,采用外置 SMA 天线设计,增益大,接收灵敏度高,通信距离远,实测可视距离可达 400m。引出 CC2530 所有的 I/O 口,方便用户进行二次开发,最大利用系统资源。模块接口为标准的 2.54 间距双排插针,通用性强,方便用户快速、经济地搭建自己的系统,性价比高。

图 7-2　CC2530

CC2530 射频模块具有如下特征。

● 基于 CC2530F256 单芯片 ZigBee 片上系统,集成 8051 内核,方便开发测试。

● 模块尺寸:36 mm×26 mm。

● SMA 座,外部连接 502 天线。

● 模块对外 L 串口,引出所有 I/O 引脚。

● 开发工具使用 IAR Embedded Workbench for MCS-51,开发调试便捷。

产品特点如下。

- 与 IAR for 8051 集成开发环境无缝连接。
- 支持内核为 51 的 TI ZigBee 芯片,如:CC111x/CC243x/CC253x/CC251x。
- 下载速度高达 150 KB/s。
- 自动识别速度。
- 可通过 TI 相关软件更新最新版本固件。
- USB 即插即用。
- 标准 10 针输出座。
- 电源指示和运行指示。
- 尺寸小巧,设计精美,稳定性高,输出大电流时电源非常稳定。
- 固件版本最新,性能稳定,且能很好地支持 25xx 系列芯片。
- 支持仿真下载和协议分析。
- 可对目标板供电 3.3 V/50 mA。可用锂电池或干电池供电。
- 出厂的每个调试器均具有唯一 ID 号,一台计算机可以同时使用多个,便于协议分析。
- 支持和系统联合调试。
- 支持多种版本的 IAR 软件,例如用于 2430 的 IAR730B,用于 25xx 的 IAR751A、IAR760 等,并与 IAR 软件实现无缝集成。

7.1.2　Wi-Fi 芯片

Wi-Fi 是距离我们生活最近的无线通信技术,虽然有一些性能缺陷,如切换时间长、覆盖半径小、带宽不高等,导致一些对网络性能要求较高的应用不能支持。但对于一般的应用来说,Wi-Fi 依然魅力不减。

1. 信号覆盖范围广

Wi-Fi 覆盖直径可达 200 m,适用于同一楼层或办公区域使用,蓝牙的覆盖范围直径只有 30 m 以内。

2. 网速快、稳定性高

IEEE 802.11b 的网络规范即是 IEEE 802.11 网络规范衍生出来的,最高带宽可达 11 Mbit/s,在通信环境比较差的情况下,带宽可以自动调整到 1Mbit/s、5.5 Mbit/s 及 2 Mbit/s,能够有效地保障网络的可靠性和稳定性。

3. 设置简单,免布线

Wi-Fi 可以快速布置,不用设置线路。所以十分适合移动办公用户的需求。如今的 Wi-Fi 已经从传统的工业、医疗保健和管理服务等特殊行业应用向更广阔的行业拓展,甚至融入教育、家庭等领域。

在物联网万物互联的驱动下,Wi-Fi 芯片逐渐引爆市场。传统 Wi-Fi 方案的价格超过 270 元,并不适用于对成本严格把控的消费类市场。高通推出 Wi-Fi SOC 芯片 Atheros4004,TI 推出 3200,芯片价格都在 20 元左右,马上就将 Wi-Fi 方案的价格降到了 210 元左右。

与此同时,国内芯片企业也抓住机会闯入了市场,联发科推出性价比更高的芯片 MT7681,价格仅有 12 元左右,导致方案的价格再次下降到 140 元左右。随后,乐鑫推出了价格更低的 EST8266,芯片售价约 8 元,这时方案的价格保持在 69 元上下。

目前,Wi-Fi 芯片方案的价格基本保持在 70 元以下,例如,德州仪器新推出的 Wi-Fi 解决方案 CC3120MOD,价格约为 58 元。

主流芯片厂商如图 7-3 所示。

图 7-3　主流芯片厂商

（1）博通（Broadcom）：

● 产品:BCM4334。

● 标准:802.11b/g/n。

● 频段:2.4/5 GHz。

● 最大传输速率:150 Mbit/s。

● 功能:Wi-Fi + BT4.0 + FM。

● 应用:智能手机,平板电脑。

（2）高通（Qualcomm）：

● 代表产品:QCA4004。

● 标准:802.11n。

● 频段:2.4 GHz/5 GHz。

● 功能:Wi-Fi + MCU。

● 应用:智能家居,物联网。

（3）美满电子（Marvell）：

● 代表产品:88MW300。

● 标准:802.11b/g/n。

● 频段:2.4 GHz。

● 最高传输速率:72.2 Mbit/s。

● 功能:Wi-Fi + MCU。

● 应用:智能家居、家用电器等。

（4）德州仪器（Texas Instruments）：

● 代表产品：TI CC3200。

● 标准：802.11b/g/n。

● 频段：2.4 GHz。

● 最大传输速率：150 Mbit/s。

● 应用：工业、消费类电子产品等。

（5）联发科（Mediatek）：

● 代表产品：MT7681。

● 标准：802.11b/g/n。

● 频段：2.4/5 GHz。

● 最大传输速率：433 Mbit/s。

● 功能：Wi-Fi + MCU。

● 应用：灯泡、门锁、插座等小型设备。

（6）瑞昱（Realtek）：

● 代表产品：RTL8710。

● 标准：802.11b/g/n。

● 频段：2.4 GHz。

● 最大传输速率：150 Mbit/s。

● 应用：智能家居、传感器网络、可穿戴设备等。

（7）新岸线（Nufront）：

● 代表产品：NL6621。

● 标准：802.11/b/g/n。

● 频段：2.4 GHz。

● 功能：Wi-Fi + Cortex – M3。

● 集成了 MAC、PHY、AFE、RF 和 PA。

● 应用：智能家居、智能监控、Wi-Fi 单品等。

7.1.3　蓝牙芯片

蓝牙技术自 1994 年提出至今，经久不衰，不断更新迭代，多用于个人周边便携式设备，如音响、手表、耳机、键盘、鼠标等设备。主流的蓝牙芯片介绍如下：

1. TI CC2640R2F

CC2640R2F 是德州仪器公司的一款蓝牙芯片（见图 7-4），采用蓝牙 4.2 技术，内含一个 32 位 ARM® Cortex®-M3 处理器的片上系统芯片，搭载有丰富的外设功能集。德州仪器还提供完整的参考设计，不需要太多无线通信专业知识也能轻易开发，开发门槛低。支持在线升级功能。多应用于智能家居、玩具等领域。

2. Nordic nRF51822

nRF51822 芯片适用于低功耗蓝牙和 2.4 GHz 超低功耗应用（见图 7-5）。嵌入式 2.4 GHz 收发器支持蓝牙低功耗及 2.4 GHz 无线操作，其中 2.4 GHz 模式与 Nordic nRF24L 系列产品无线兼容，主要运用于 PC 周边产品、玩具和智能家居设备等领域。

图 7-4 蓝牙芯片 1

图 7-5 蓝牙芯片 2

3. CSR CSR1011

CSR 公司的 CSR101x 系列采用蓝牙 4.0 技术,是一款单模蓝牙低功耗平台,提供 CSR uEnergy SDK2.5.1 开发环境。CSR 市场占有率高,但是价格居高不下,一般的供应商也不会选择这种产品。其可用于蓝牙语音遥控器、智能家居等。

4. 博通 BK3431

BK3431 芯片是高度集成的蓝牙 4.0 低功耗单模设备。它集成了一个高性能 RF 收发器、基带、ARM 内核微处理器,丰富的功能外设单元,可编程协议和配置文件,以支持 BLE 应用。

5. 联发科 MT7622

作为全球首款蓝牙 5.0 规格的系统单芯片(SOC),主频为 1.35 GHz 的 64 位双核 ARM Cortex-A53 处理器。MT7622 内置联发科独家 Wi-Fi 网络加速器技术,实现优质的网络连接体验。MT7622 支持主流必备的音频接口,包括 I2S、TDM 和 S/PDIF。另外,该芯片除了同时整合 Wi-Fi、蓝牙和 ZigBee,还提供了一系列丰富的慢速输入/输出端口,以满足家用自动网关的技术需求。

6. 珠海炬力 ATS2829

ATS2829 是一个高度集成的蓝牙 4.2 音频解决方案,是专为便携式和无线蓝牙音频所设计的产品,满足市场需求的高性能、低成本和低功耗等特点。ATS2829 封装小巧,体积虽小但内功深厚,大容量内置 RAM 能够满足不同蓝牙应用方案的需求,且支持后台蓝牙。

7. 络达 AB1526

AB1526 是一款先进的单芯片解决方案,集成了用于高密度音频应用的基带和收音机。AB1526 支持蓝牙 4.2 双模认证,它内嵌串行闪存,支持更灵活的客户软件升级和第三方软件移植。

8. 珠海杰理科技 AC410N

AC410N 系列是一款具有 96 KB 存储空间的低功耗、高性能微处理器,集成了 32 位精简指令集 CPU 和丰富的外围电路。这个系列的特点是单芯片,推出的目的是为了低功耗应用,蓝牙版本为 2.0 + EDR。

表 7-1 所示为各厂商蓝牙芯片对比。

表 7-1　各厂商蓝牙芯片对比

序号	厂商	型号	定位	特点	应用
1	CSR	CSR 1011	高端	低功耗	智能家居
2	TI	CC2640R2F	高端	低功耗 灵活性高	消费电子 移动设备 智能家居
3	Nordic	Nrf51822	中高端	低功耗	PC 周边 智能 RF 标记
4	珠海炬力	ATS2829	中高端	音质好 低功耗	蓝牙耳机 音响
5	洛达	AB1526	中端	低功耗 不灵活	蓝牙耳机 音响
6	珠海杰里	AC410N	中低端	成本低	蓝牙音箱
7	联发科	MT7622	中低端	速度快	中继器
8	博通	BK3431	低端	成本低	蓝牙音箱

物联网吸引了越来越多的技术公司参与其中,许多公司为用户提供了一体化的解决方案,如阿里云、德州仪器等公司为客户提供了具有竞争力的物联网解决方案、产品和服务。目前,蓝牙模块、蓝牙传感器、蓝牙解决方案、蓝牙网关等产品业务遍布全球 80 多个国家和地区。

7.2　STM32 芯片

STM32 系列是为高性能、低成本、低功耗的嵌入式产品设计的单片机(见图 7-6)。按照功能可以分为超低功耗产品(STM32L0、STM32L1、STM32L4、STM32L4 +)、高性能产品(STM32F2、STM32F4、STM32F7、STM32H7)和主流产品(STM32F0、STM32F1、STM32F3)。近几年随着物联网的推广,STM32 系列也推出了互联性芯片,具备无线通信的能力。其特性如下:

(1)内核:ARM 32 位 Cortex-M3 CPU,最高工作频率 72 MHz,1. 25 DMIPS/MHz,单周期乘法和硬件除法。

(2)存储器:片上集成 32 ~ 512 KB 的 Flash 存储器。6 ~ 64 KB 的 SRAM 存储器。

图 7-6　STM32 芯片

(3)时钟、复位和电源管理:2.0 ~ 3.6 V 的电源供电和 I/O 接口的驱动电压。POR、PDR 和可编程的电压探测器(PVD)。4 ~ 16 MHz 的晶振。内嵌出厂前调校的 8 MHz RC 振荡电路。内部 40 kHz 的 RC 振荡电路。用于 CPU 时钟的 PLL。带校准用于 RTC 的 32 kHz 的晶振。

(4)调试模式:串行调试(SWD)和 JTAG 接口,最多高达 112 个的快速 I/O 端口、11 个定时器、13 个通信接口。

STM32 的主要功能如下：

● USART：串口能够与无线模块或传感器直接进行通信，常见的模块有 Wi-Fi 模块、GSM 模块、蓝牙模块、GPS 模块、指纹识别模块等。

● IIC：用于 EEPROM 内存模块、MPU6050 陀螺仪传感器、0.96 寸 OLED 屏、电容屏等。

● SPI：用于串行 FLASH、以太网 W5500、VS1003/1053 音频模块、SPI 接口的 OLED 屏、电容屏、语音识别模块等。

● AD/DA：用于模拟数字转换模块，可以将电路中的电压值转化成芯片能够处理的具体数字，常用的模块包括光敏传感器模块、烟雾传感器模块、可燃气体传感器模块、建议使用示波器等工具进行监测和调试。

从 STM32 的功能特点来看，其非常适合物联网系统传感层的集成，可以方便地连接传感器硬件，并且具有丰富的功能外设，方便与传感器和无线通信模组进行连接。本单元采用 STM32F103 系列芯片，外部采用 30 针接口连接传感器设备，无线通信模组采用通用的插座进行连接。在主控板芯片上（见图 7-7）进行编程就可实现感知层的数据获取和器件控制。

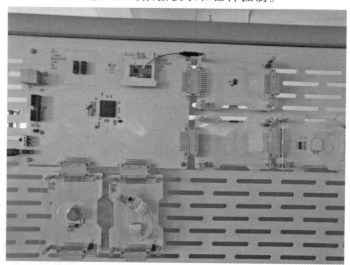

图 7-7　STM32 主控板

7.3　STM32 开发环境安装

实验目的

在 Window 系统下安装 STM32 开发环境软件，为后续的开发做好环境准备工作。

实验工具

安装 Windows 系统的计算机，Keil 软件安装包，激活软件，stm32 库文件包。

实验步骤

（1）打开资料中的物联网综合实训台（下位机）文件夹，打开开发环境文件夹，打开 keil 文件夹，双击图 7-8 所示的 MDK525 应用程序。

图 7-8　软件安装包位置

（2）在弹出对话框中，如图 7-9 所示，单击 Next 按钮。

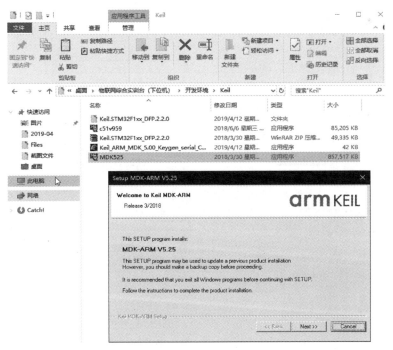

图 7-9　运行安装包

（3）弹出对话框如图 7-10 所示，单击接受协议复选框，然后单击 Next 按钮。

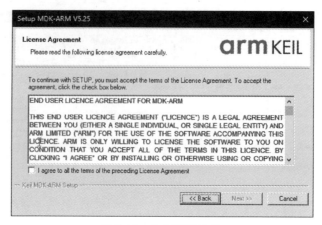

图 7-10　选择接受协议

（4）弹出对话框如图 7-11 所示，默认安装位置在 C 盘，单击 Next 按钮。

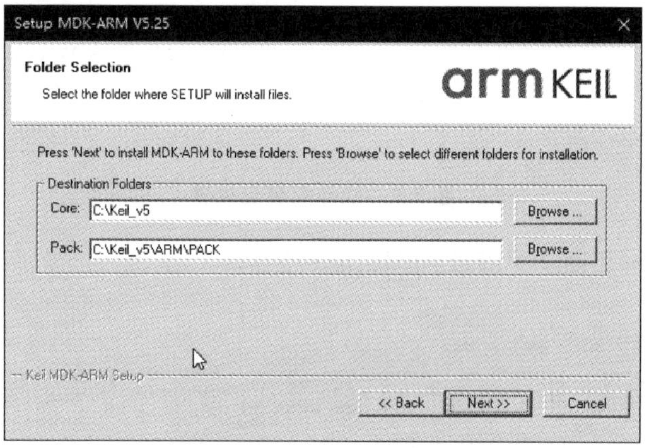

图 7-11　选择安装路径

（5）弹出对话框如图 7-12 所示，空白处填写用户信息，然后单击 Next 按钮。

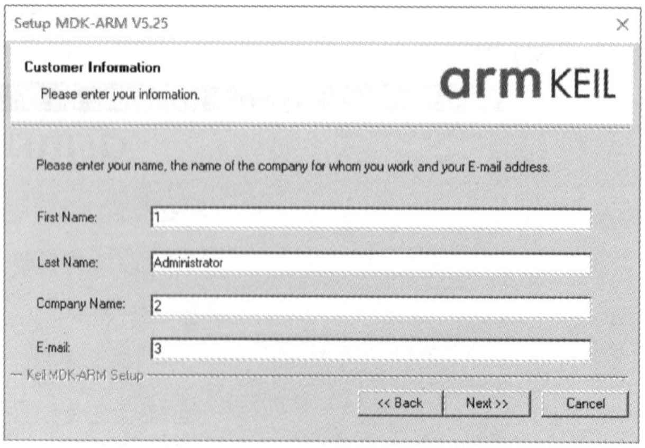

图 7-12　填写个人信息

（6）弹出对话框如图 7-13 所示，显示正在安装中，需等待大概 3 分钟。

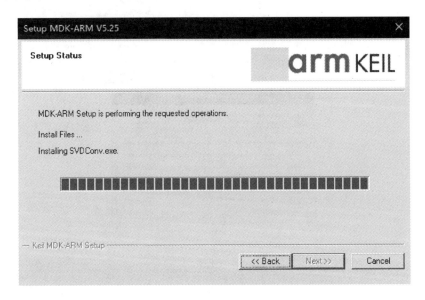

图 7-13　软件安装中

（7）安装完成，弹出对话框如图 7-14 所示，不要勾选复选框，单击 Finish 按钮。

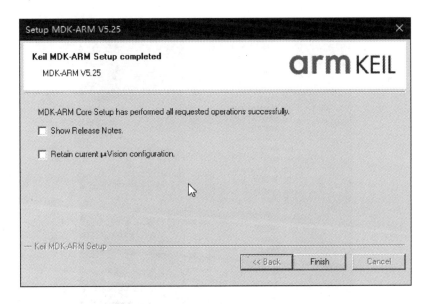

图 7-14　软件安装完成

（8）单击 Finish 按钮之后会出现图 7-15 所示界面，把这两界面关掉即可。

（9）此时，桌面上已经有 KEIL 的快捷方式，如图 7-16 所示，右击此快捷方式，在弹出的快捷菜单中选择"以管理员方式运行"。

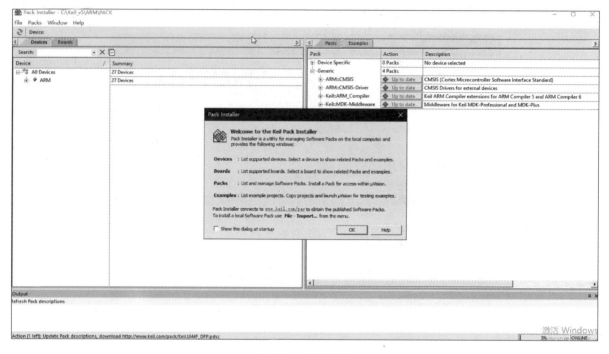

图 7-15 提示窗口

图 7-16 打开程序

（10）软件打开后如图 7-17 所示，点击图中所示位置，添加 STM32 官方固件库。（安装官方固件库有两种方式：①在线下载官方固件库；②安装离线版本官方固件库。本项目使用的是离线版本。）

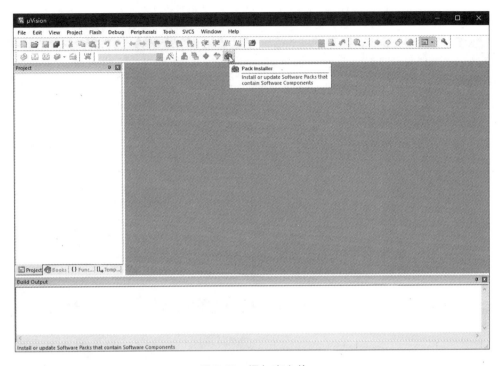

图 7-17　添加库文件

（11）单击图 7-17 中的 file 选项，如图 7-18 所示。

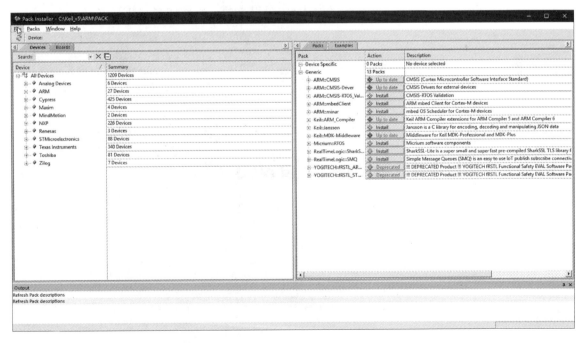

图 7-18　选择文件选项

（12）单击 import from Folder 选项，如图 7-19 所示。

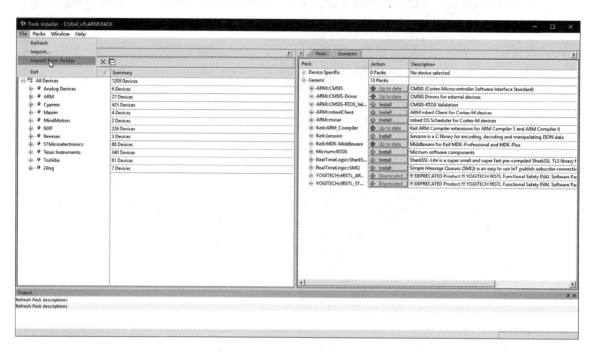

图 7-19　按照文件夹导入

（13）软件会弹出路径选择框，如图 7-20 所示，用来指定固件库的离线包路径。

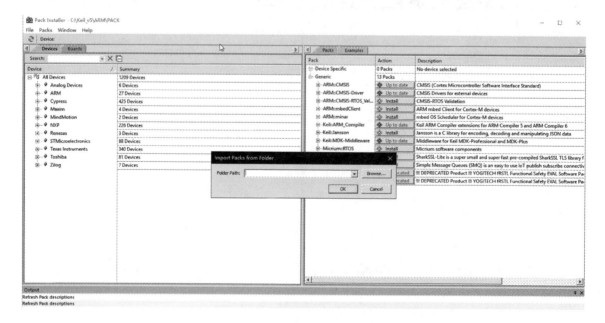

图 7-20　路径选择框

（14）点击 Browse 按钮，如图 7-21 所示。

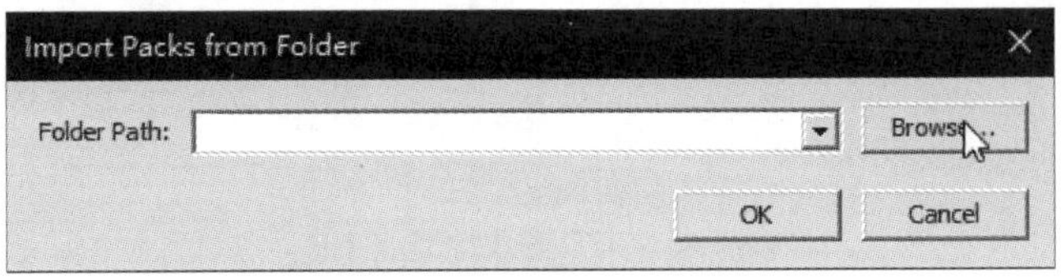

图 7-21 单击 Browse 按钮

（15）选择资源包中离线固件库文件夹，单击"选择文件夹"按钮，如图 7-22 所示。

图 7-22 库文件路径

（16）路径配置好之后如图 7-23 所示，单击 OK 按钮。

图 7-23 导入路径

（17）关闭固件安装界面，如图 7-24 所示，软件安装到此结束。

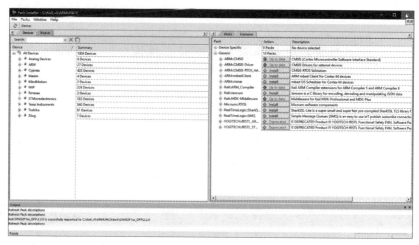

图 7-24 导入成功

7.4 新建工程模板

实验目的

使用 STM32 开发环境新建工程,熟悉 STM32 软件开发环境的使用方式及工程的结构。新建的工程模板可方便后续实验开展。

实验工具

安装 Windows 系统的计算机,keil 开发软件,STM32 工程文件。

实验步骤

(1)在桌面位置新建文件夹,并命名为 newpro,如图 7-25 所示。

(2)在 Newpro 文件夹内新建文件夹,并命名为 USER,如图 7-26 所示。

图 7-25 修改
项目名称

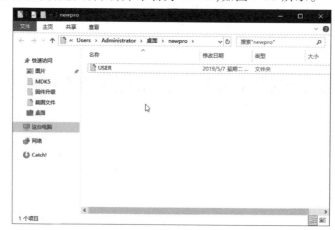

图 7-26 新建文件夹

（3）打开 Keil 软件，如图 7-27 所示。

图 7-27　打开 Keil 软件

（4）单击 Project 选项，选择 New μVision Project 选项，新建工程，如图 7-28 所示。

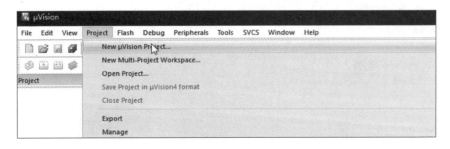

图 7-28　新建工程

（5）选择工程的保存路径为 newpro→USER，如图 7-29 所示。

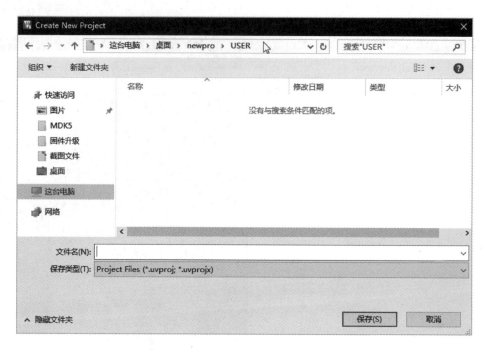

图 7-29　保存工程保存路径

（6）工程名命名为 PRO1，然后单击"保存"按钮，如图 7-30 所示。

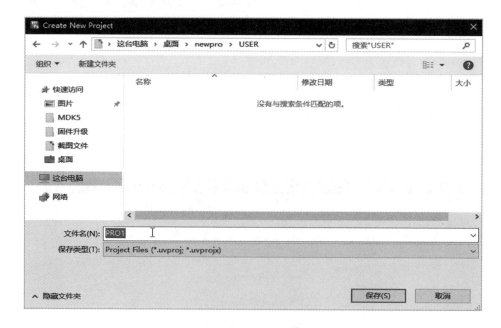

图 7-30　为工程命名

（7）单击图 7-31 所示的"＋"。

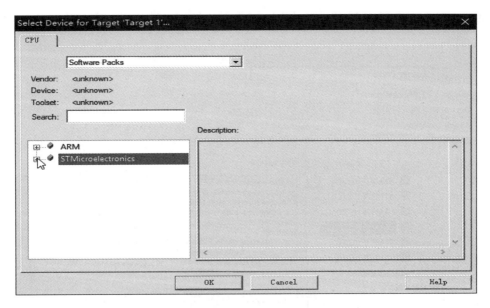

图 7-31　选择厂商

（8）再单击图 7-32 所示的" + "，展开选项卡，找到 STM32F103 系列的芯片。

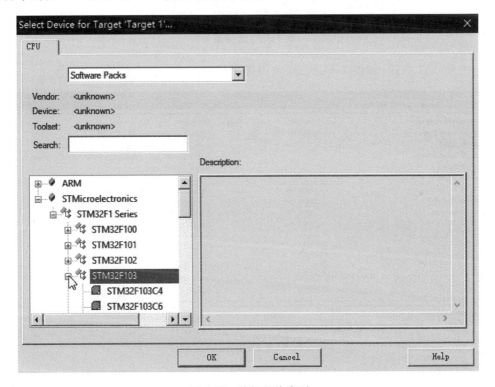

图 7-32　选择芯片类型

（9）按图 7-33 所示选择具体型号，单击 OK 按钮。

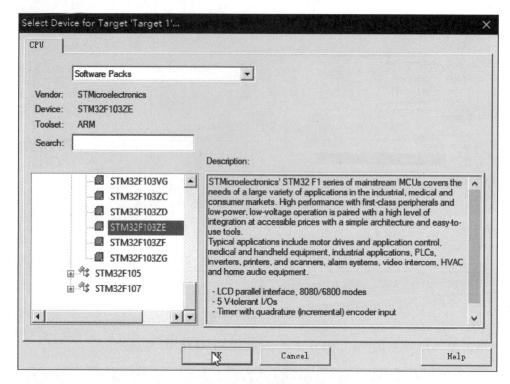

图 7-33 选择型号

（10）单击 Cancel 按钮，如图 7-34 所示，关闭提示界面。

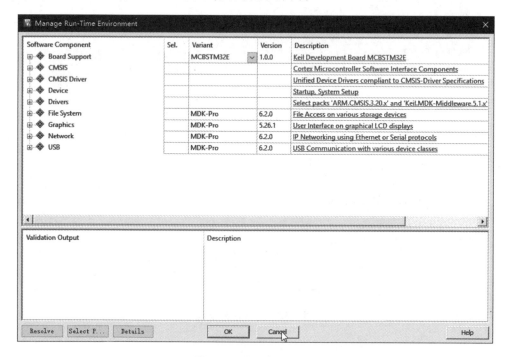

图 7-34 关闭提示界面

（11）进入资源包的实验文件夹，选择新建工程用到的文件，复制这 3 个文件夹，如图 7-35 所示。

图 7-35　复制库文件

（12）把刚才复制的 3 个文件夹粘贴到新工程 newpro 所在文件夹中，如图 7-36 所示。

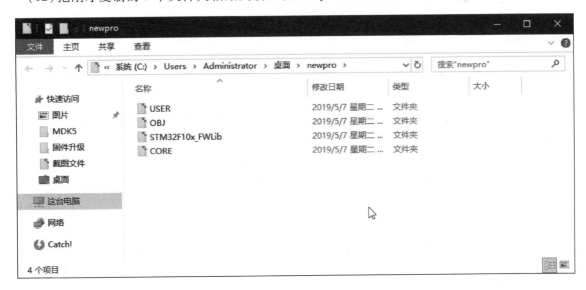

图 7-36　粘贴到制定路径

（13）在资源包的该路径下选中图 7-37 所示文件并复制。

图 7-37　复制文件

（14）粘贴到新工程 newpro 路径里的 USER 文件夹下，如图 7-38 所示。

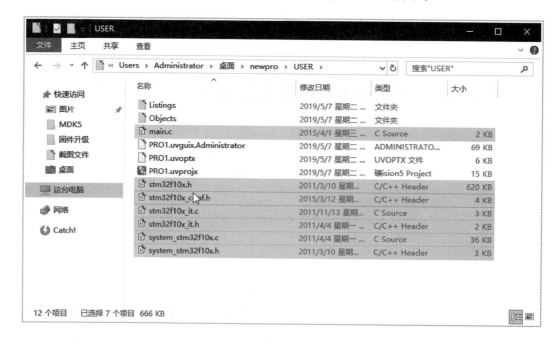

图 7-38　粘贴到工程路径

（15）在开发工具 keil 中，单击图 7-39 所示按钮，打开项目文件管理界面。

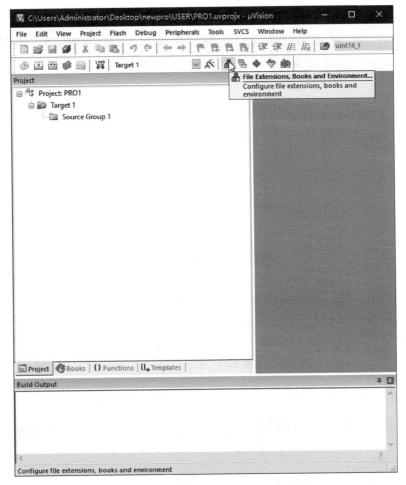

图 7-39 单击文件管理按钮

（16）更改此处的分组名为 USER，如图 7-40 所示，用来存放开中断文件和主文件。

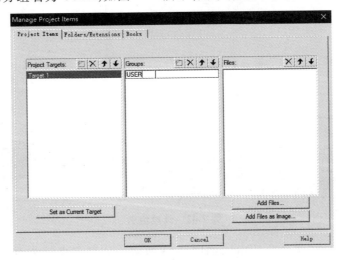

图 7-40 修改分组名

（17）单击新建按钮，如图 7-41 所示，新建分组。

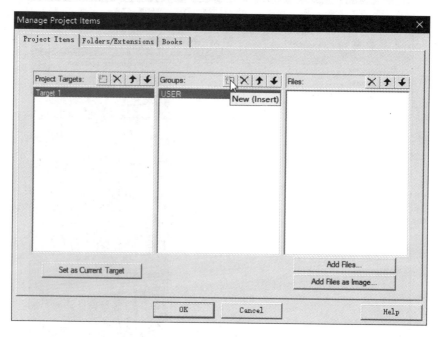

图 7-41　新建分组

（18）新组命名为 LIB，如图 7-42 所示，用来存放官方提供的驱动文件。

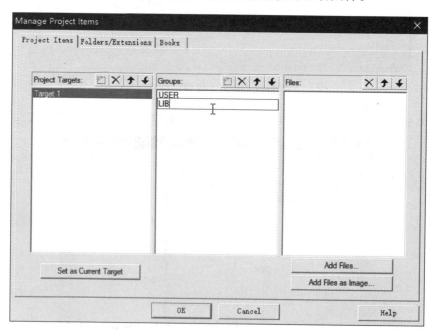

图 7-42　修改组名

（19）新建第三个分组，命名为 CORE，如图 7-43 所示。分组完成后选中 USER 分组，单击右下角 Add Files 按钮,开始向组中添加文件。

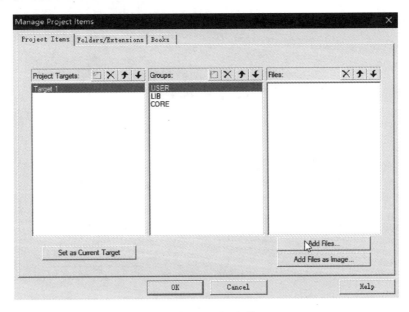

图 7-43　添加文件

（20）在 USER 文件夹下,选择图 7-44 所示的 3 个文件,单击 Add 按钮,然后单击 Close 按钮,关闭对话框。

图 7-44　导入文件

（21）选择 LIB 分组，单击右下角 Add Files 按钮，如图 7-45 所示。

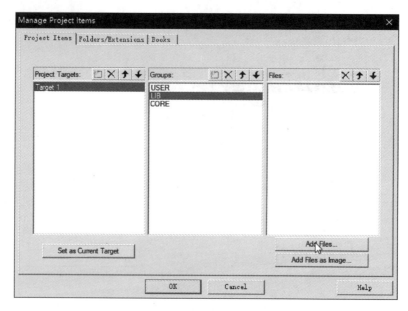

图 7-45　导入 LIB 组文件

（22）双击图 7-46 所示文件夹，将其打开。

图 7-46　选择路径

（23）双击 SRC，如图 7-47 所示，里面存放的是官方提供的驱动源文件。

图 7-47　选择路径

（24）全选文件，如图 7-48 所示，然后单击 Add 按钮，再单击 Close 按钮。

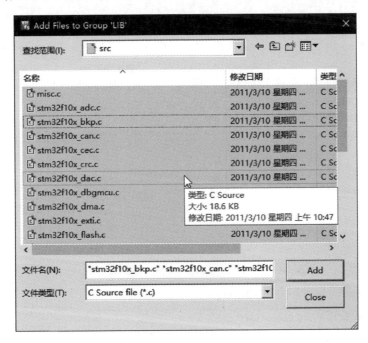

图 7-48　选择文件

（25）选择 CORE 分组，单击右下角 Add Files 按钮，如图 7-49 所示。

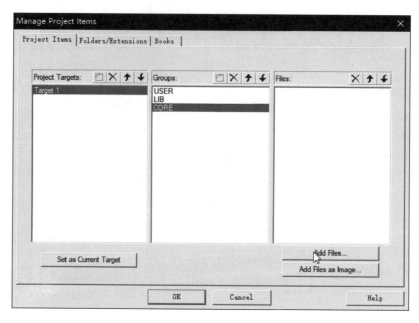

图 7-49　选择 CORE 组

（26）双击工程文件夹下的 CORE 文件夹，如图 7-50 所示，打开文件夹。

图 7-50　选择路径

（27）"文件类型"选择显示所有类型文件，如图 7-51 所示。

图 7-51　选择文件类型

（28）选中 .c 和 .s 文件，如图 7-52 所示，单击 Add 按钮，再单击 Close 按钮。

图 7-52　添加文件

（29）在弹出对话框中单击 OK 按钮，如图 7-53 所示。

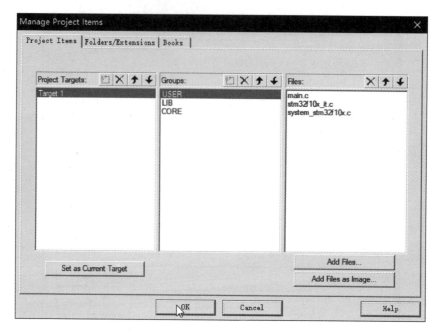

图 7-53　点击 OK

（30）单击图 7 – 54 所示按钮，配置项目参数。

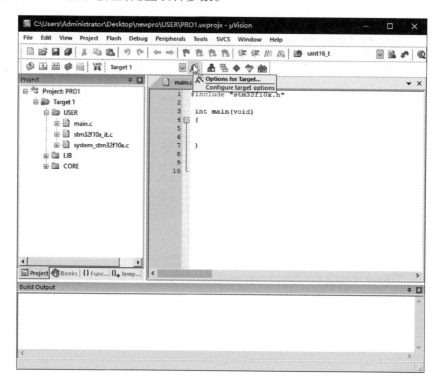

图 7-54　修改项目配置

（31）在弹出对话框中，单击 Output 选项卡，如图 7-55 所示，配置输出文件选项。

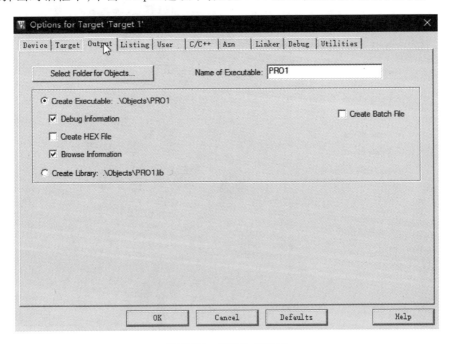

图 7-55 修改输出选项

（32）勾选图 7-56 所示复选框，生成 .hex 文件。这是编译项目之后最终生成的文件，可以使用烧录工具直接烧录到单片机当中。

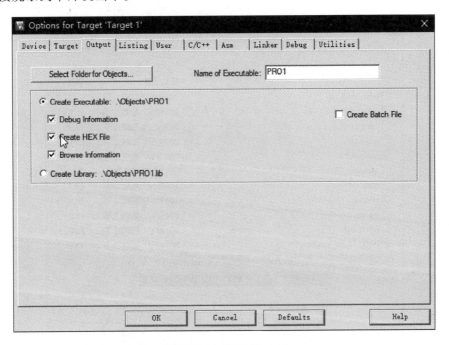

图 7-56 勾选 HEX 文件

（33）单击图 7-57 所示按钮。

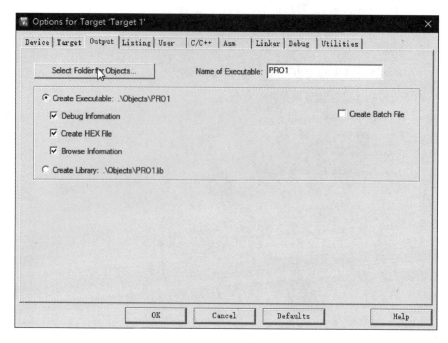

图 7-57　选择输出路径

（34）在弹出对话框中，指定路径为 OBJ，如图 7-58 所示。这是项目的输出文件夹，所有的输出文件都可以在这里找到。单击 OK 按钮。

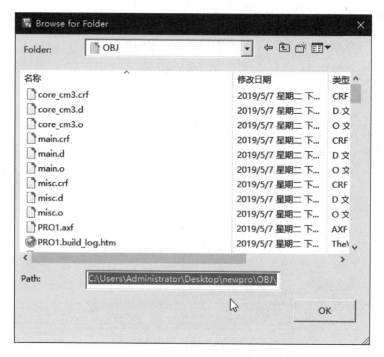

图 7-58　选择输出路径

（35）单击 C/C＋＋选项卡，如图 7-59 所示。

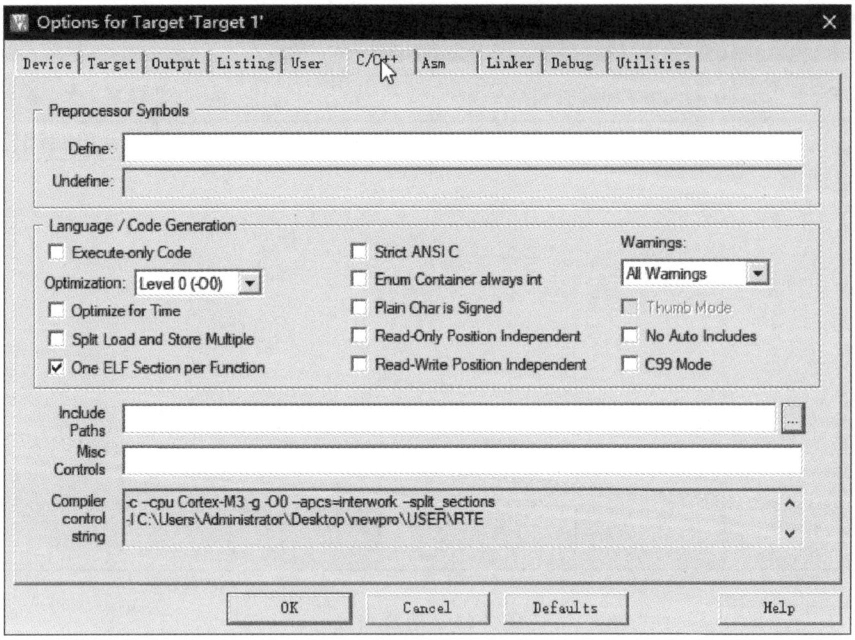

图 7-59　修改配置

（36）点击 ⋯ 按钮，如图 7-60 所示，配置项目的文件路径，方便工程能够根据路径找到所需的文件。

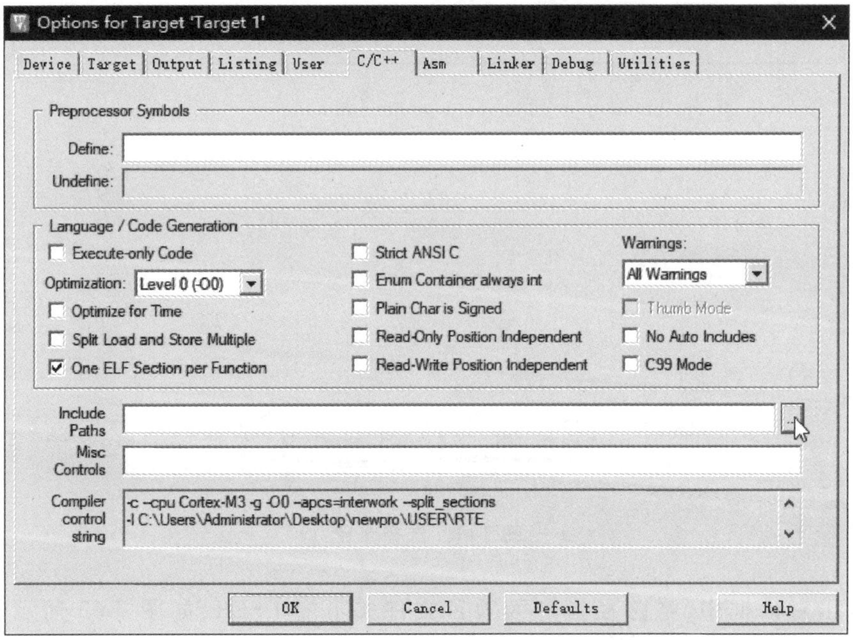

图 7-60　选择路径

（37）在弹出对话框中，单击新建按钮，如图 7-61 所示，新建一条路径。

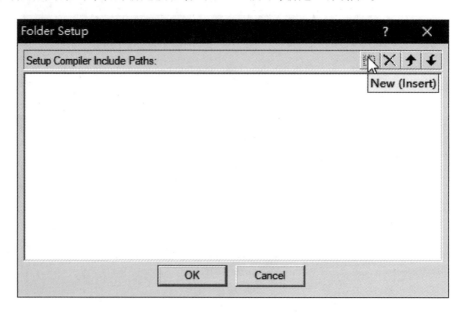

图 7-61　新建路径

（38）单击 … 按钮，如图 7-62 所示，查找路径所在的位置。

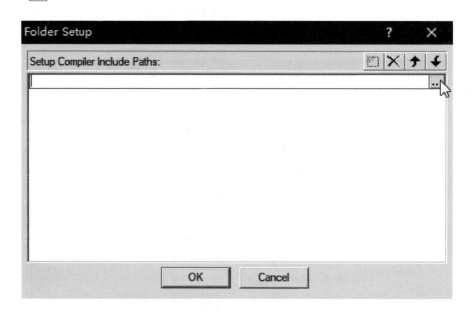

图 7-62　选择路径

（39）在弹出对话框中，将路径指定为项目文件夹下的 USER，如图 7-63 所示，单击"确定"按钮。

（40）同样的操作过程，再添加一条路径，再指定路径为图 7-64 所示位置。

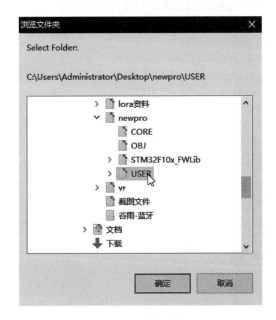

图 7-63　查找路径

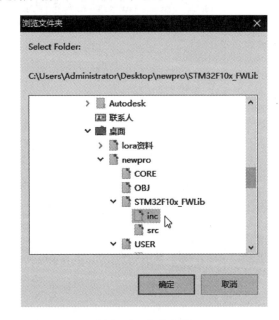

图 7-64　查找路径

（41）同样的操作过程，再添加一条路径，再指定路径为图 7-65 所示位置。

（42）一共指定这 3 处路径，然后单击 OK 按钮，如图 7-66 所示。

图 7-65　确定路径

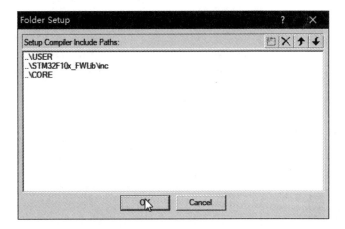

图 7-66　添加完毕

（43）在 Define 文本框输入 STM32F10X_HD,USE_STDPERIPH_DRIVER,如图 7-67 所示，注意不要拼写错误和漏掉英文分号。

图 7-67 输入定义

（44）单击 OK 按钮，如图 7-68 所示。

图 7-68 保存配置

（45）单击 Rebuild 按钮，如图 7-69 所示，编译整个项目。

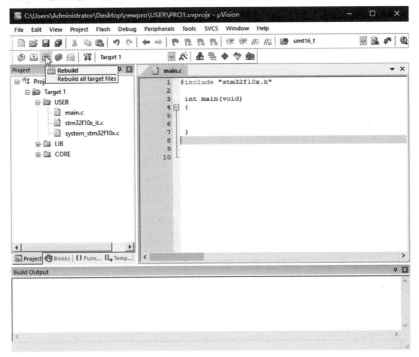

图 7-69　编译项目

（46）编译完成显示无错误、无警告，说明新建工程成功，如图 7-70 所示。

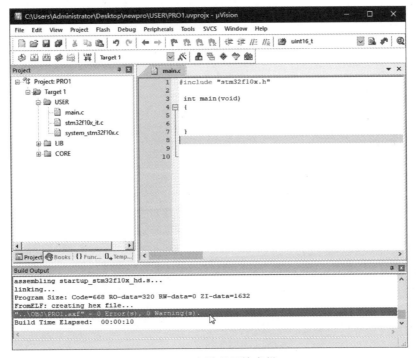

图 7-70　查看项目输出栏

单元小结

本单元主要介绍了物联网系统架构中感知层常用芯片类型、芯片特点、开发环境的搭建与工程新建。按照步骤详细讲解了开发环境的搭建流程，为后续感知层程序开发做好铺垫。

思考与练习

一、简答题

1. 常见的无线通信芯片有哪些？

2. STM32 主流产品型号有哪些？

3. 新建 STM32 开发工程中添加路径的作用是什么？

二、实践题

1. 按照操作步骤在计算机上 STM32 搭建开发环境。

2. 按照操作步骤使用开发工具新建工程，并且能够正常编译。

单元 ⑧ 物联网感知层数据采集

传感器是物联网系统中的最末端,实时地采集数据是系统能够正常运行的根本保证。传感器根据不同需求,制作精度及工艺都有所不同,所以掌握常见的传感器类型及数据获取方式是很有必要的。

本单元按照步骤采集光敏传感器数值,并且通过串口将数据打印到计算机的串口助手软件工具中,实时更新光敏传感器数据到计算机上。

学习目标

- 了解主控芯片与传感器的通信方式。
- 了解传感器电路知识。
- 掌握物联网感知层传感器数据获取的步骤。

单元知识结构

8.1 数/模转换(ADC)原理

在学习传感器数据获取实验之前,先了解光敏传感器的工作原理。光敏传感器本质就是一块电阻值能随光照强度改变的电阻器。在直流电路中,电阻值的变化会引起电流和电压的变化,这样就可以通过测量光敏电阻器的电压值来反馈出当前的光照度。STM32的引脚是不可以直接测量电压值的,这就要牵涉将电压值读取到芯片内部的知识。

首先了解一下模拟量和数字量的概念。

模拟量,就是指在一定范围内连续变化的量,即在一定范围(定义域)内可以取任意值(在值域内),如温度、位移、压力、电压等都是模拟量,在电子线路中模拟量一般包括模拟电压和模拟电流,家庭生活用电(220 V)就属于模拟电压,其电流大小会随着负载大小的变化而变化,所以这里的电流信号属于模拟电流,图8-1和图8-2所示的信号就属于模拟量。

从图8-1和图8-2中可以看到,信号的幅值随着变量的变化而连续变化,模拟量可以是标准的正弦波,也可以是不规则的任何波形,常见的模拟量还有规则的方波、锯齿波、三角波等,当我们要用数值表示模拟量的大小时,通常用十进制数表示,例如5 V,2.5 A,10 Ω 等。

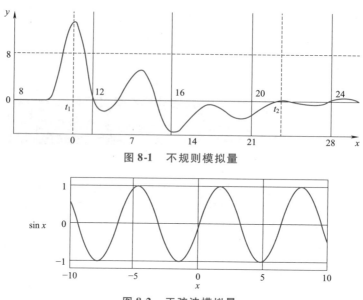

图 8-1 不规则模拟量

图 8-2 正弦波模拟量

　　数字量,也就是离散量,指的是分散开来的、不存在中间值的量,其变化在时间上是不连续的。例如,一个开关所能够取的值就是离散的,它只能是开或者关,不存在中间的某种状态。在单片机系统的内部运算时使用到的就全部是数字量,即 0 和 1。所以对单片机系统而言,它不能直接操作模拟量,必须把模拟量转换成数字量。在这种情况下就出现了实现这样一个过程的转换器,即数/模(模/数)转换器。

　　当单片机输出模拟信号时,一般会在输出端加上数/模转换器(D/A 芯片);当单片机在采集模拟信号时,通常要加上模/数转换器(A/D 芯片),放在前端。高端单片机内部自带转换电路。图 8-3 中,PF6 标号代表 STM32 单片机的引脚,通过这根引脚就可以将电压值传递到芯片中,然后进行模/数转换。

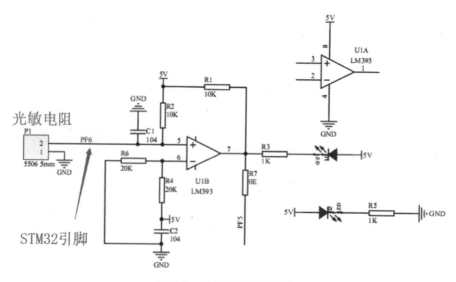

图 8-3 光敏电阻原理图①

---

　　① 类似图稿为软件仿真图,其图形符号与国家标准符号不符,二者对照关系参见附录 A。

如果想要得到光敏电阻器的电压值,就要使用模/数转换器(ADC),以在 STM32 单片机中获取准确的数字值,这样才能在代码中进行计算、存储和转发。

8.2 传感器数据采集实验

实验目的

ADC 的功能是将模拟量转化为数字量,就是将具体的电压值转化成数字值,以便于在程序中计算、存储与传输。市场上常见的烟雾、燃气、二氧化碳、火焰、光照等传感器都采用 ADC 的方式将环境数据转化成电路中的电压值,芯片通过 ADC 的方式来采集传感器上的电压值,这样就得到了数字化的值,通过相应的公式计算就能得到具体的环境数据。

实验工具

安装 Windows 操作系统的计算机,Keil 软件,STM32 主控板,光敏电阻模块,无线通信模块,配置板模块。

实验步骤

(1)因为实验需要在计算机上直接读取到传感器数据,所以选择"串口基础实验"作为模板。复制"串口基础实验"到 ADC 实验文件夹,如图 8-4 所示。

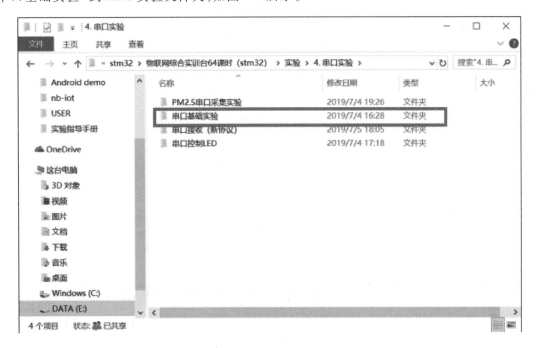

图 8-4

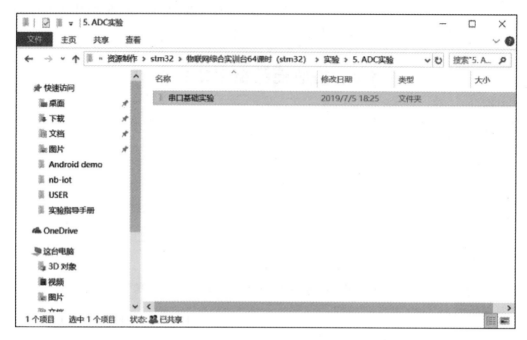

图 8-4　复制工程模板(续)

(2)将文件夹的名称改为"光敏 ADC 实验",如图 8-5 所示,便于区分项目名称。

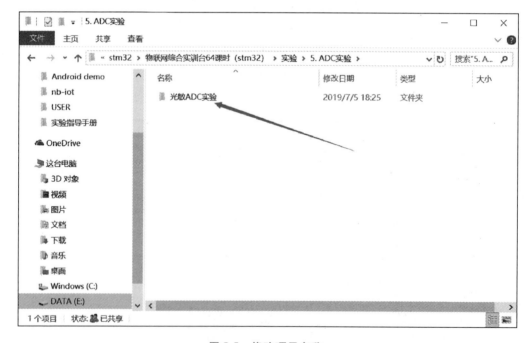

图 8-5　修改项目名称

(3)复制驱动文件下的光敏电阻传感器驱动文件夹 photosensitive,粘贴到项目的 HARDWARE 文件夹下,如图 8-6 所示。

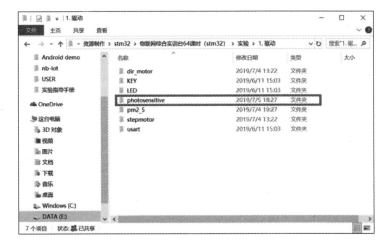

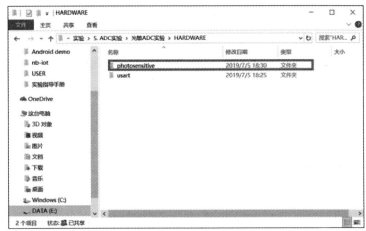

图 8-6 复制驱动

（4）打开工程文件，如图 8-7 所示。

图 8-7 打开工程

（5）按照步骤添加光敏传感器的源文件，如图 8-8 所示。添加 FWLIB 组中的 ADC 库文件，开发过程中的模拟量与数字量转换函数都在库文件中。

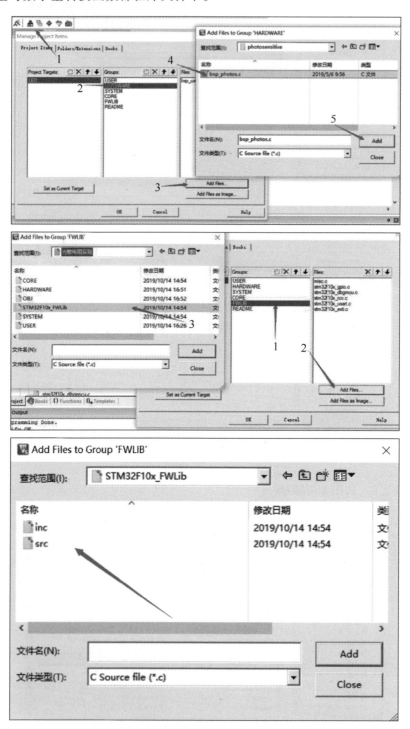

图 8-8　添加驱动文件

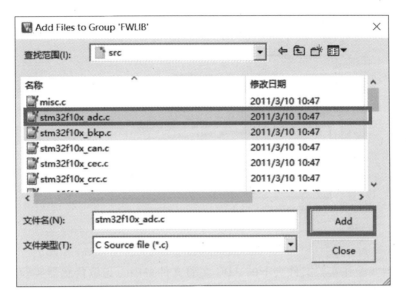

图 8-8　添加驱动文件(续)

(6)按照步骤添加光敏模块头文件,如图 8-9 所示。

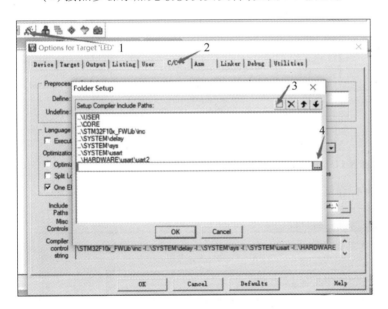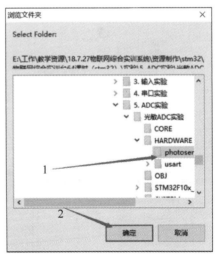

图 8-9　添加光敏模块头文件

(7)在主函数中添加代码(见图 8-10):①添加头文件与全局变量。②初始化串口、光敏传感器和延时。③调用 ADC 转化函数 Read_PhotoS( ),获取光照值,通过串口将光照度数据外发送到计算机端。

```
3    #include "bsp_uart2.h"
4    #include "delay.h"
5    #include <stdio.h>
6    float Photos_Val = 0.0;                          ①
7    u8 data[10]="";
8    int main(void)
9  {
10
11   UART2_Config(9600);
12       PhotoS_GPIO_Config();                       ②
13     delay_init();
14     while(1)
15     {
16       if(!Read_PhotoS(&Photos_Val))
17         {
18             sprintf(data, "%f", Photos_Val);
19             delay_ms(1000);
20             //pBuf[0] = ((u16)Photos_Val >> 8) & 0xff;   ③
21             //pBuf[1] = (u16)Photos_Val & 0xff;
22             UART2_Send(data, 15);
23
24         delay_ms(1000);
25       }
26   }
```

图 8-10　在主函数中添加代码

（8）光敏传感器实验在实验文件夹下的 ADC 实验文件夹中。光敏传感器实验的主函数如图 8-11 所示，该实验添加的驱动为 bsp_photos.c 和 bsp_photos.h。

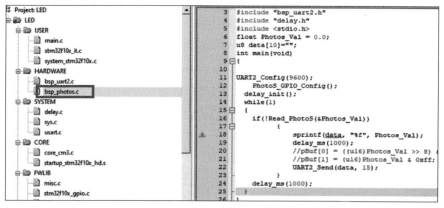

图 8-11　光敏驱动文件

（9）图 8-12 所示为配置函数，后面会有详细的配置细节讲解。

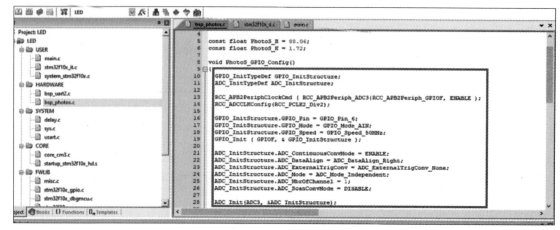

图 8-12　配置函数

（10）编译项目,将程序下载到主控板中。将无线通信模组分别插到主控板和配置板上,程序执行成功会看到配置板串口灯闪烁,如图 8-13 所示。

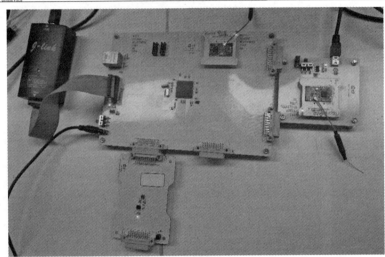

图 8-13 编译下载程序

（11）打开计算机中的串口调试助手,如图 8-14 所示。

图 8-14 打开串口调试助手

（12）配置端口号和波特率，单击"打开选中端口"按钮，按钮变为"关闭选中端口"，如图 8-15 所示，光照度数据就能显示出来了，可以用手遮挡观察数值变化。

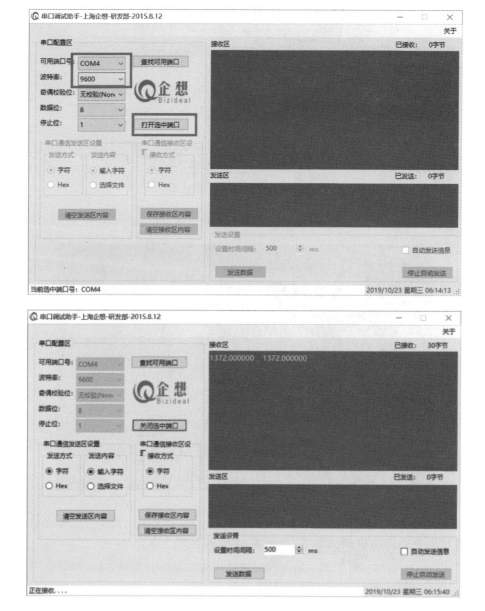

图 8-15　配置参数观察现象

实验原理

实验使用的芯片为 STM32F103 系列，有三个 ADC 资源，压力传感器所连端口为 PF6，PF6 使用的是 ADC3 的通道 4。

表 8-1 所示为 ADC 引脚对比。

表 8-1　ADC 引脚对比

项　　目	ADC1	ADC2	ADC3
通道 0	PA0	PA0	PA0
通道 1	PA1	PA1	PA1
通道 2	PA2	PA2	PA2
通道 3	PA3	PA3	PA3
通道 4	PA4	PA4	PF6
通道 5	PA5	PA5	PF7
通道 6	PA6	PA6	PF8
通道 7	PA7	PA7	PF9
通道 8	PB0	PB0	PF10
通道 9	PB1	PB1	
通道 10	PC0	PC0	PC0
通道 11	PC1	PC1	PC1
通道 12	PC2	PC2	PC2
通道 13	PC3	PC3	PC3
通道 14	PC4	PC4	
通道 15	PC5	PC5	
通道 16	温度传感器		
通道 17	内部参照电压		

下面介绍 ADC 常用函数。

（1）时钟配置：

```
RCC_APB2PeriphClockCmd(RCC_APB2Periph_ADC3|RCC_APB2Periph_GPIOF,ENABLE);
```

时钟的概念可以理解为启动相关功能，STM32 默认上电是关闭外设功能的，实验中用到哪里的外设功能就要打开相应的时钟，这里就配置了 ADC3 和 GPIOF 的时钟，实验中就可以配置使用模/数转换和 PF6 引脚了。

（2）设置 ADC 分频因子：

$$ADC\ 时钟 = 主时钟/分频系数$$

```
RCC_ADCCLKConfig(RCC_PCLK2_Div2);
```

（3）PF6 端口配置：

首先将 PF6 端口配置为模拟量输入，在结构体中定义 PF6 引脚的功能和速度。

```
GPIO_InitStructure.GPIO_Pin = GPIO_Pin_6;
GPIO_InitStructure.GPIO_Mode = GPIO_Mode_AIN;
GPIO_InitStructure.GPIO_Speed = GPIO_Speed_50MHz;
GPIO_Init(GPIOF,& GPIO_InitStructure);
```

（4）设置 ADC 参数：

ADC 设置结构体重设置工作模式和初始化。

```
ADC_InitStructure.ADC_ContinuousConvMode = ENABLE;        //开启连续转换
ADC_InitStructure.ADC_DataAlign = ADC_DataAlign_Right;   //转换结果右对齐
ADC_InitStructure.ADC_ExternalTrigConv = ADC_ExternalTrigConv_None; //转换由软件触发启动
ADC_InitStructure.ADC_Mode = ADC_Mode_Independent;        //ADC 工作在独立模式
ADC_InitStructure.ADC_NbrOfChannel = 1;                   //顺序进行转换的通道个数为 1 个
ADC_InitStructure.ADC_ScanConvMode = DISABLE;             //单通道模式
ADC_Init(ADC3,&ADC_InitStructure);                        //初始化函数执行
    //配置规则序列中的第 1 个转换为 ADC3 的 5 通道,同时采样周期为 239.5
ADC_RegularChannelConfig(ADC3,ADC_Channel_4,1,ADC_SampleTime_1Cycles5);
```

使能 ADC 并校准：

```
ADC_Cmd(ADC3,ENABLE);                                     //使能指定的 ADC3
ADC_ResetCalibration(ADC3);                               //复位校准
while(ADC_GetResetCalibrationStatus(ADC3));               //等待复位校准结束
ADC_StartCalibration(ADC3);                               //校准
while(ADC_GetCalibrationStatus(ADC3));                    //等待校准结束
```

（5）开启 ADC3 转换：

```
ADC_SoftwareStartConvCmd(ADC3,ENABLE);                    //启动转换
```

（6）获取转换结果：

首先等待 ADC 转换完成，使用下面的函数：

```
FlagStatus ADC_GetFlagStatus(ADC_TypeDef* ADCx,uint8_t ADC_FLAG)
```

比如要判断 ADC3 的转换是否结束，方法是：

```
while(!ADC_GetFlagStatus(ADC3,ADC_FLAG_EOC));             //等待转换结束
```

转换完成后可用如下函数获取到转换后的结果。在 main 文件中可以直接调用。

```
Uint16  value = ADC_GetConversionValue(ADC3);
```

单 元 小 结

本单元主要介绍物联网系统架构中感知层数据的获取，详细讲解了光敏电阻传感器的数据获取方式和串口转发数据流程。

思 考 与 练 习

一、简答题

1. 传感器的作用是什么？

2. 传感器与 STM32 通信的方式有哪些？

二、实践题

按照操作步骤在计算机上使用开发工具进行编程，能够获取光照度的数值。

单元 ⑨ 物联网感知层设备控制

物联网感知层不仅包含传感器设备,还有各种能够执行操作的电子器件。控制器件常用的有电子继电器、推窗器、电磁锁、窗帘电动机、电磁阀、直流电动机等设备,按照不同的场景和功能进行组合使用。物联网系统根据获取的数据综合分析后进行器件控制,例如:光照度值小于设定值时打开灯,大于设定值时关闭灯。

本单元按照步骤进行 LED 的控制,程序烧录到主控板上以后,能够在计算机上通过串口发送指令,控制 LED 的开启和关闭。模拟物联网应用层发送指令的操作,为后续协议发送和接收做好准备。

学习目标

- 了解控制 LED 的方式。
- 掌握物联网感知层控制器件的步骤。

单元知识结构

9.1 LED 简介

LED 是发光二极管的简称,它具有单向导电性,通过的电流越大,发光的亮度越大,一般电流会控制在 0 ~20 mA,以防止电流过大烧坏 LED。图 9-1 所示是单个的发光二极管,图 9-2 所示是家庭中的 LED,图 9-3 所示是生活中常见的 LED 电子显示屏。目前 LED 技术取得了很大的进步,发光效率远远超过白炽灯,光照强度能够达到烛光级,颜色可以覆盖整个可见光谱的范围。

图 9-1　发光二极管

图 9-2　家庭中的 LED

图 9-3　生活中 LED 电子显示屏

　　LED 灯的应用有很多,无论应用场景怎么变化,它们的工作原理都是相同的,都是靠电流通过某些半导体材料来发光的。不同的半导体材料通电后内部能量状态不同,释放的能量也就不同。释放的能量越多,波长越短。可见光的波长和颜色对照表如表 9-1 所示,根据此表就能知道五颜六色的灯光发出的波长范围,表 9-2 所示为不同材料发光二极管中对应的颜色。

表 9-1　可见光的波长和颜色对照表

颜　色	波长范围/nm
红	770~622
橙	622~597
黄	597~577
绿	577~492
蓝、靛	492~455
紫	455~350

表 9-2　不同材料发光二极管中对应的颜色

LED 材料	材料化学式	颜　色
铝砷化镓、砷化镓、砷化镓磷化物磷化铟镓、铝磷化镓(掺杂氧化锌)	AlGaAs GaAsP AlGaInP GaP:ZnO	红色及红外线
铝磷化镓、铟氮化镓/氮化镓、磷化镓、磷化铟镓铝、铝磷化镓	InGaN/GaN GaP AlGaInP AlGaP	绿色
磷化铝铟、镓砷化镓、磷化物、磷化铟镓铝、磷化镓	GaAsPAlGaInP AlGaInP GaP	高亮度的橘红色、橙色、黄色、绿色
磷砷化镓	GaAsP	红色、橘红色、黄色
磷化镓、硒化锌、铟氮化镓、碳化硅	GaP ZnSe InGaN SiC	红色、黄色、绿色
氮化镓(GaN)		绿色、翠绿色、蓝色
铟氮化镓	InGaN	近紫外线、蓝绿色、蓝色
碳化硅(用作衬底)	SiC	蓝色
硅(用作衬底)	Si	蓝色
蓝宝石(用作衬底)	Al_2O_3	蓝色

续表

LED 材料	材料化学式	颜　色
硒化锌	ZnSe	蓝色
钻石	C	紫外线
氮化铝、氮化铝镓	AlN AlGaN	波长为远至近的紫外线

图 9-4 所示为是求助按钮模块上的 LED 灯原理图,从图中可以看出一个 LED 灯一端连接上一个 10 kΩ 的电阻进行限流控制,电流太大容易烧坏 LED 灯,然后接到正 3.3 V 的电源上,另一端接地就能点亮一个 LED 灯。如果想要调整 LED 灯的亮度,只需要根据电流来调整相应的限流电阻即可。在实验中我们可以控制 LED 的负极是否连接上低电平,来控制 LED 的亮灭,PC0 是 STM32 的引脚,只需要在代码中控制这个引脚的输出即可控制灯的亮灭。

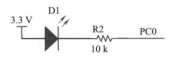

图 9-4　LED 灯原理图

9.2　串口控制 LED 灯实验

实验目的

通过无线通信模组进行串口通信实验,能够进行串口数据的接收和发送。控制 LED 灯的点亮和熄灭。

实验工具

安装 Windows 操作系统的计算机,Keil 软件,STM32 主控板,无线通信模组,配置板,求助按钮模块。

实验步骤

(1)复制串口基础实验到串口实验文件夹,如图 9-5 所示。

图 9-5　复制模板

（2）修改项目名称为"串口控制 LED"，如图 9-6 所示。

图 9-6　修改项目名称

（3）复制驱动文件夹中的 key 按键到项目的 HARDWARE 文件夹中，如图 9-7 所示。

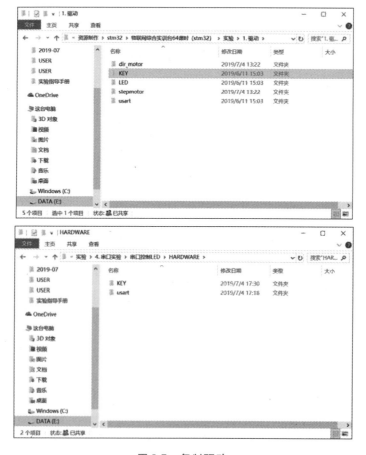

图 9-7　复制驱动

（4）打开串口控制 LED 灯工程，如图 9-8 所示。

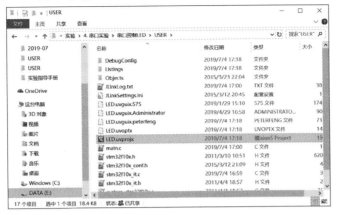

图 9-8　打开项目

（5）按照步骤添加按键源文件到工程中，如图 9-9 所示。

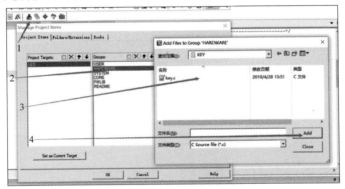

图 9-9　添加按键源文件到工程中

（6）按照步骤添加按键头文件到工程中，如图 9-10 所示。

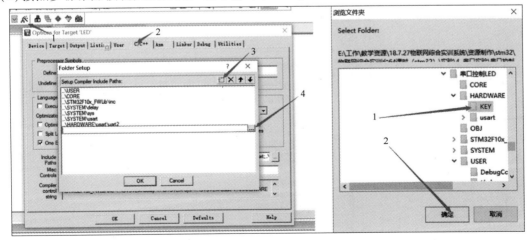

图 9-10　添加按键头文件到工程中

（7）修改 STM32 中断文件，添加图 9-11 所示代码。

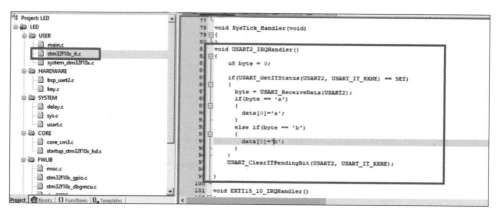

图 9-11　修改 STM32 中断文件

（8）修改主函数，读取串口缓冲区内容，控制 LED 灯。如图 9-12 所示，1 添加按键头文件；2 初始化按键驱动；3 判断串口缓冲区数据是否为 a（数据设定可以自行更改），判断后点亮 LED 灯或者熄灭 LED 灯。

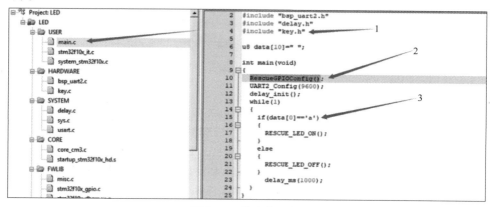

图 9-12　修改主函数

（9）编译项目，将程序下载到主控板中。将无线通信模组分别插到主控板和配置板上，如图 9-13 所示。

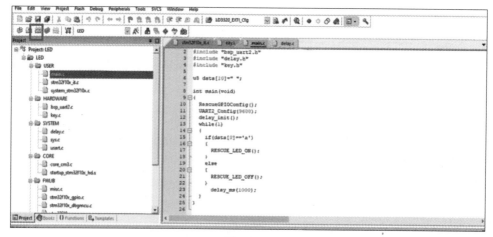

图　9-13

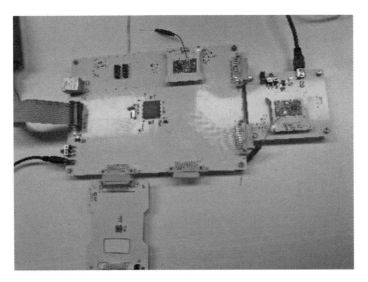

图 9-13　编译下载程序(续)

(10)打开计算机中的串口调试助手,如图 9-14 所示。

图 9-14　打开串口调试助手

(11)配置端口号和波特率,单击"打开选中端口"按钮,如图 9-15 所示。

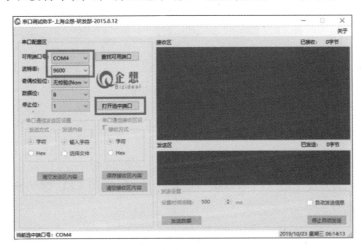

图 9-15　串口配置

(12)在串口调试助手的发送区输入 a,如图 9-16 所示,单击"发送数据"按钮,观察求助按钮上的 LED 灯是否点亮。

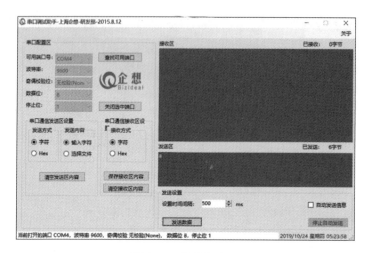

图 9-16　发送指令 a

（13）在串口调试助手的发送区输入 b，如图 9-17 所示，单击"发送数据"按钮，观察求助按钮上的 LED 灯是否熄灭。

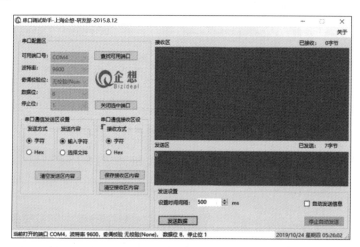

图 9-17　发送指令 b

实验原理

串口是能够传递字符或者数据的工具，项目中串口接收到指令 a 时，调用 LED 灯打开的函数，配置 PC0 引脚为低电平，点亮 LED 灯；串口接收到指令 b 时，调用 LED 灯关闭的函数，配置 PC0 引脚为高电平，关闭 LED 灯。

单元小结

本单元主要介绍物联网系统架构中感知层设备的控制，详细讲解了串口接收数据、判断串口内容的流程与控制 LED 灯的方式。

思考与练习

一、简答题

1. 常见的能够控制的电子器件还有哪些?

2. LED 灯的应用场景都有哪些?

二、实践题

按照操作步骤在计算机上使用开发工具进行编程,能够使用串口调试助手控制 LED 灯。

单元⑩ 物联网感知层通信协议

物联网感知层的主要任务是获取传感器数据和执行操作,完成这两个任务的必要条件是能够与物联网网络层进行通信,这样才能完成传感器数据上传和操作指令下发。串口电路连接有无线通信模组,这样就可以使感知层 STM32 主控板和网关通信。

本单元讲解串口基础通信实验与通信协议的封装解析。通过实训操作,让学生掌握 STM32 主控板的串口收发基础实验,能够根据提供的协议进行数据封装、解析指令,打通物联网感知层和网络层的通信。

学习目标

- 了解控制串口通信方式。
- 掌握物联网感知层串口协议封装与解析。

单元知识结构

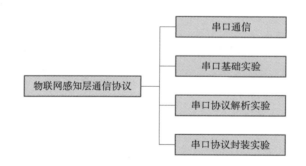

10.1 串 口 通 信

1. 并行通信与串行通信

并行通信是指将数据字节中的各位用多条数据线同时进行传输。这种通信方式的优点是传输速度快、效率高,缺点是每一个数据位都需要一个数据线,数据有多少位就需要多少根数据线,占用引脚和单片机资源太多。另外,并行的数据线易受外界干扰,传输距离不能太远,由于传输线较多,长距离传送时成本高且接收方的各位同时接收存在困难。在实际应用中,微处理器与内存、硬盘、光驱等外设之间的数据传递一般都采用并行通信标准。并行通信传输过程如图 10-1 所示。

串行通信是以"位"为单位的形式在一条传输线上逐个传送数据的传输方式。一个字节是 8 位,所以传送一个字节的时候要分成 8 位传输,采用这种方式进行通信可以节约资源,一根线上面就可以完成数据的传输。其优点是所需的数据线少,节省硬件成本及单片机的引脚资源,并且抗干扰能力强,适合于远距离数据传输;其缺点是每次发送一个比特,导致传输速度慢、效率低。在实际应用中,网络、电话、USB 接口及串口硬盘等都采用串行通信标准。51 系列单片机支持 RS232 形式的串行通信协议,本书将详细介绍这种串行通信协议。串行通信传输顺序是 D0 ~ D7,如图 10-2 所示。

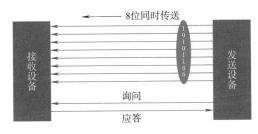

图 10-1　并行通信传输过程

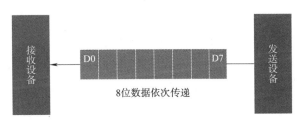

图 10-2　串行通信传输顺序

2. 异步串行通信与同步串行通信

串行通信按照数据收发同步与否,可以细分为异步串行通信与同步串行通信。同步串行通信通过两个通信设备之间的共有时钟信号进行通信的同步,例如 SPI、I2C 等。而异步串行通信并不需要两个通信设备之间有共同的时钟信号,但是要求通信双方以同样的波特率发送数据,例如 RS232 等。

在异步通信中,数据一般以字节为单位进行传输。发送端通过传输线逐个字节的发送数据,接收设备逐个字节地接收。发送端和接收端各有独立的时钟,来控制数据的发送和接收。两个时钟源是独立的,相互并不需要同步,但需要设置相同的波特率来保证传输速率的一致。

异步通信是以字符(构成的帧)为单位进行传输,字符与字符之间的间隙(时间间隔)是任意的,但每个字符中的各位是以固定的时间传送的,即字符之间不一定有"位间隔"的整数倍的关系,但同一字符内的各位之间的距离均为"位间隔"的整数倍。在 51 系列单片机中,支持的是异步串行通信的方式。异步串行通信的示意如图 10-3 所示。

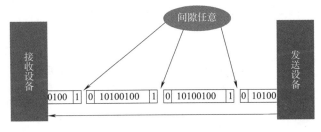

图 10-3　异步串行通信

在异步通信中,需要规定好通信数据的格式,每段数据以相同的帧格式进行传送,一般情况下,一帧异步通信的数据格式都包含以下内容:

● 起始位:当接收端收到起始位时,表示发送端开始发送一帧信息,一般起始位以一位低电平开始。

● 数据位:数据位即需要传递的数据信息,一般低位在前,高位在后。当发送端发送起始位后,紧跟着发送数据位,数据位长度一般为 5 ~ 10 位,最常见的是 8 位。

● 奇偶校验位:奇偶校验位用于校验数据的正确性,可以采取奇校验或偶校验,校验位只占一位。

● 停止位:停止位一般长度为 1 ~ 2 位,用于向接收端表示一帧字符信息已经发送完毕,同时准备发送下一帧数据。

● 空闲位:由于异步通信发送字符间隔不固定,因此在停止位后可以加入空闲位,空闲位一般用高电平表示,用于通知接收端等待传输。

对于一个完整的数据帧,按照发送的顺序依次为起始位、数据位、校验位、停止位和空闲位,如图 10-4 所示。

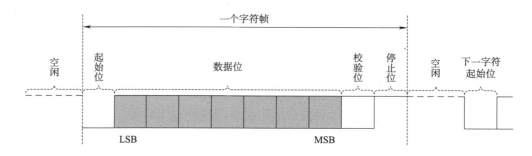

图 10-4　串行通信数据帧

同步串行通信是一种连续的串行传输数据的通信方式,其全称为 Synchronous Communication。同步串行通信的一次通信过程只传送一帧信息。在同步通信中,没有起始位和停止位作为字符开始和结束的标志,而是通过同步时钟来实现发送和接收的同步。

同步通信时要建立发送方时钟对接收方时钟的直接控制,在开始传输数据之前,要使双方达到时钟上完全同步的水平。此时,传输数据的位之间的距离均为"位间隔"的整数倍,同时传送的字符间不留间隙,既保持位同步关系,也保持字符同步关系。发送方对接收方的同步可以通过两种方法实现:一种是外同步,如图 10-5 所示;另一种是内同步,如图 10-6 所示。

图 10-5　外同步　　　　　　　　　图 10-6　自同步

3. 串行通信的传输方向

串行通信分为三种制式,分别是单工(Simplex)、半双工(Half Duplex)、全双工(Full Duplex)。

单工是指数据只能沿着一个方向传输,不能反向传输。例如,鼠标和计算机的通信就是一种单工通信。

半双工是指数据传输可沿两个方向,但是不能同时进行,需要分时进行传输。它是一种准双向的数据传送方式,通信双方共享一个数据线进行数据的传输,在这条数据线上可以进行两个方向的数据传输,但是两个方向不能同时传送数据。为了决定数据通信的方向,通信双方必须约定控制数据传送方向的方法,这个功能可以由软件协议实现,也可以由硬件电路实现。

全双工是指数据可以同时进行双向传输。它是一种双向的数据传送方式,通信时既可以发送数据,同时又可以接收数据。在这种模式中,使用两根数据线同时在两个方向传递数据,由于一根数据线负责一个方向的数据传送,因此发送和接收可以同时地独立进行。

三种传输方式分别如图 10-7 ~ 图 10-9 所示。

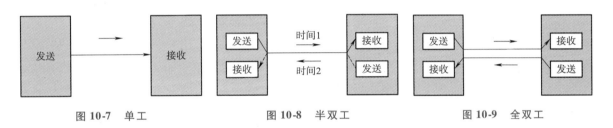

图 10-7　单工　　　　　　　图 10-8　半双工　　　　　　　图 10-9　全双工

4. 串行通信接口传输速率

由于异步串行通信没有专门的同步时钟,通信双方需要采用其他的方式进行同步,才能保证数据传输的正确性。在异步通信中,通信的双方需要约定相同的字符帧(Character Frame)和波特率(Baud Rate)。字符帧是字符的编码形式、所采用的起始位和停止位及奇偶校验形式的定义;而波特率(Baud Rate)指的是每秒传输二进制代码的位数,单位为 bit/s,即位/秒。波特率相当于通信速率的定义,它是串行通信的重要指标,波特率越高,数据传输速度也就越快。每秒传送一个数据位就是 1 波特,换算关系如下:

$$1 \text{ 波特} = 1 \text{ bit/s(位/秒)}$$

这里需要注意的是,波特率和字符的实际传输速度不相同,波特率等于一个字符帧的二进制编码的位数乘以每秒传送的字符数。如每秒传送 240 个字符,而每个字符格式包含 10 位(1 个起始位、1 个停止位、8 个数据位),这时的波特率为:

$$10 \text{ 位} \times 240 \text{ 个/秒} = 2\,400 \text{ bit/s}$$

10.2　串口基础实验

实验目的

通过无线通信模组进行串口通信实验,能够进行串口数据的接收和发送。为后续的综合实验做准备。

实验工具

安装 Windows 操作系统的计算机,Keil 软件,STM32 主控板,无线通信模组,配置板。

实验步骤

(1)复制基础工程模板到串口实验文件夹,如图 10-10 所示。

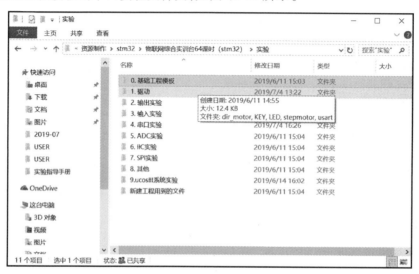

图 10-10　复制模板

(2)修改工程名称为"基础串口实验",如图 10-11 所示。

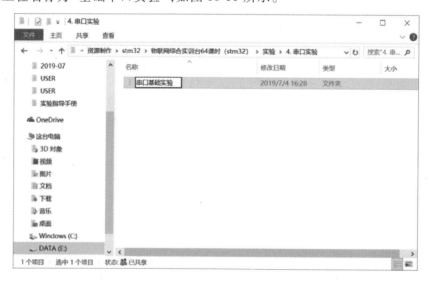

图 10-11　修改项目名称

(3)复制驱动文件夹内的串口驱动文件夹到串口基础实验的 HARDWARE 文件夹中,如图 10-12 所示。

图 10-12 复制驱动

（4）打开串口基础实验工程，如图 10-13 所示。

图 10-13 打开工程

（5）按照步骤添加串口源文件，如图 10-14 所示。

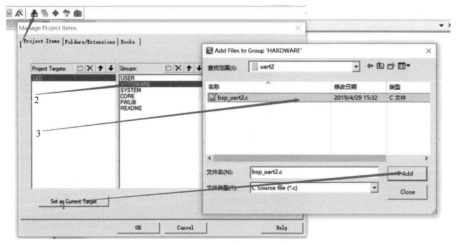

图 10-14 添加串口源文件

（6）按照步骤添加串口头文件，如图 10-15 所示。

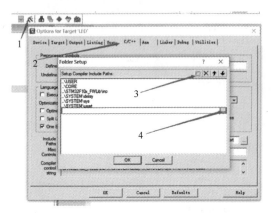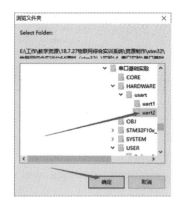

图 10-15　添加串口头文件

（7）按照步骤修改 main() 函数，如图 10-16 所示。1 引入串口头文件；2 引入延时头文件；3 新建发送缓冲区；4 初始化串口；5 初始化延时函数；6 发送串口缓冲区内容。

```
stm32f10x_it.c    main.c
1   #include "sys.h"                    ——1
2   #include "bsp_uart2.h"
3   #include "delay.h"                  ——2
4
5   u8 data[10]="";                     ——3
6   int main(void)
7   {
8
9   UART2_Config(9600);                 ——4
10      delay_init();                   ——5
11      while(1)
12      {
13      UART2_Send(data,1);             ——6
14          delay_ms(1000);
15      }
16  }
17
```

图 10-16　修改主文件

（8）修改串口中断函数，如图 10-17 所示。1 引入串口缓冲区，2 编写串口中断内容。

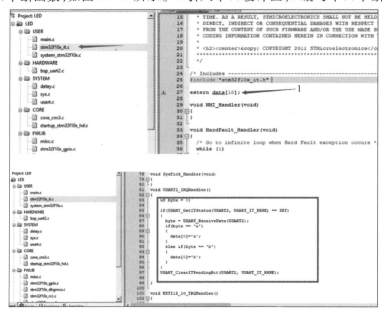

图 10-17　修改中断文件

（9）编译项目，将程序下载到主控板中，将无线通信模组分别插到主控板和配置版上，如图 10-18 所示。

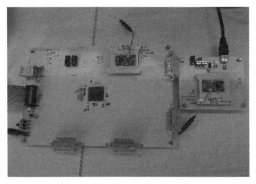

图 10-18　编译下载程序

（10）打开计算机中的串口调试助手，如图 10-19 所示。

图 10-19　打开串口调试助手

（11）配置端口号和波特率，单击"打开选中端口"按钮，如图 10-20 所示。

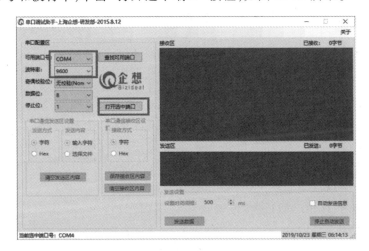

图 10-20　打开串口助手

（12）在串口助手的发送区输入 a，单击"发送数据"按钮，如图 10-21 所示。

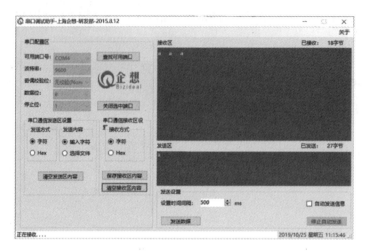

图 10-21 发送指令 a

（13）在串口助手的发送区输入 b，点击"发送数据"按钮，如图 10-22 所示。

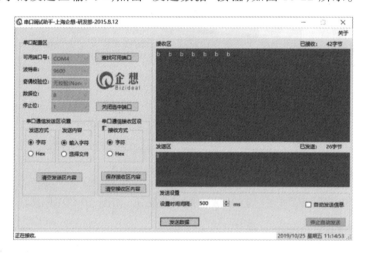

图 10-22 发送指令 b

实验原理

无线通信模组原理图如图 10-23 所示。

串口设置的一般步骤如下：

（1）串口时钟使能、GPIO 时钟使能。

（2）串口复位。

（3）串口占用的两个 GPIO 端口模式设置。

（4）串口参数初始化。

（5）开启中断并且初始化 NVIC（如果需要开启中断才需要这个步骤）。

（6）使能串口。

（7）编写中断处理函数。

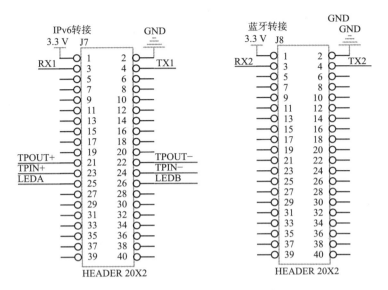

图 10-23　无线通信模组原理图

　　下面,简单介绍这几个与串口基本配置直接相关的固件库函数。这些函数和定义主要分布在 stm32f10x_usart. h 和 stm32f10x_usart. c 文件中。

　　(1)串口时钟使能:

　　比如串口 2 是挂载在 APB1 下面的外设,所以使能函数为:

```
RCC_APB1PeriphClockCmd(RCC_APB1Periph_USART2,ENABLE);
```

　　(2)串口复位:

　　当外设出现异常的时候可以通过复位设置,实现该外设的复位,然后重新配置此外设,使其重新工作。一般在系统刚开始配置外设的时候,都会先执行复位该外设的操作。复位是在函数 USART_DeInit( )中完成:

```
void USART_DeInit(USART_TypeDef*  USARTx);   //串口复位
```

　　比如我们要复位串口 2,方法为:

```
USART_DeInit(USART2);   //复位串口 2
```

　　串口初始化是通过 USART_Init( )函数实现的:

```
void USART_Init(USART_TypeDef*  USARTx,USART_InitTypeDef*  USART_InitStruct);
```

　　第一个参数是指定初始化的串口标号,这里选择 USART2。

　　第二个参数是一个 USART_InitTypeDef 类型的结构体指针,这个结构体指针的成员变量用来设置串口的一些参数。一般的实现格式为:

```
USART_InitStructure. USART_BaudRate = bound;   //波特率设置;
USART_InitStructure. USART_WordLength = USART_WordLength_8b;   //字长为 8 位数据格式
USART_InitStructure. USART_StopBits = USART_StopBits_1;   //一个停止位
USART_InitStructure. USART_Parity = USART_Parity_No;   //无奇偶校验位
USART_InitStructure. USART_HardwareFlowControl
```

```
= USART_HardwareFlowControl_None;//无硬件数据流控制
USART_InitStructure.USART_Mode = USART_Mode_Rx | USART_Mode_Tx;  //收发模式
USART_Init(USART2,&USART_InitStructure);  //初始化串口
```

从上面的初始化格式可以看出初始化需要设置的参数为:波特率、字长、停止位、奇偶校验位、硬件数据流控制、模式(收、发)。可以根据需要设置这些参数。

数据发送与接收:

STM32 的发送与接收是通过数据寄存器 USART_DR 来实现的,这是一个双寄存器,包含了 TDR 和 RDR。当向该寄存器写数据时,串口就会自动发送,当收到数据时也存在该寄存器内。

STM32 库函数操作 USART_DR 寄存器发送数据的函数是:

```
void USART_SendData(USART_TypeDef* USARTx,uint16_t Data);
```

通过该函数向串口寄存器 USART_DR 写入一个数据。

STM32 库函数操作 USART_DR 寄存器读取串口接收到的数据的函数是:

```
uint16_t USART_ReceiveData(USART_TypeDef* USARTx);
```

通过该函数可以读取串口接受到的数据。

在固件库函数里面,读取串口状态的函数是:

```
FlagStatus USART_GetFlagStatus(USART_TypeDef* USARTx,uint16_t USART_FLAG);
```

这个函数的第二个参数非常关键,表示要查看串口在哪种状态,比如 RXNE(读数据寄存器非空)以及 TC(发送完成)。

例如:如果要判断串口 2 读寄存器是否非空(RXNE),操作库函数的方法是:

```
USART_GetFlagStatus(USART2,USART_FLAG_RXNE);
```

如果要判断串口 2 发送是否完成(TC),操作库函数的方法是:

```
USART_GetFlagStatus(USART2,USART_FLAG_TC);
```

这些标识号在 MDK 里面是通过宏定义定义的:

```
#define USART_IT_PE ((uint16_t)0x0028)
#define USART_IT_TXE ((uint16_t)0x0727)
#define USART_IT_TC ((uint16_t)0x0626)
#define USART_IT_RXNE ((uint16_t)0x0525)
#define USART_IT_IDLE ((uint16_t)0x0424)
#define USART_IT_LBD ((uint16_t)0x0846)
#define USART_IT_CTS ((uint16_t)0x096A)
#define USART_IT_ERR ((uint16_t)0x0060)
#define USART_IT_ORE ((uint16_t)0x0360)
#define USART_IT_NE ((uint16_t)0x0260)
#define USART_IT_FE ((uint16_t)0x0160)
```

串口使能是通过函数 USART_Cmd() 来实现的,这个很容易理解,使用方法是:

```
USART_Cmd(USART1,ENABLE);  //使能串口
```

有些时候我们还需要开启串口中断,那么需要使能串口中断,使能串口中断的函数是:

```
void USART_ITConfig(USART_TypeDef* USARTx, uint16_t USART_IT, FunctionalState NewState)
```

这个函数的第二个入口参数是标示使能串口的类型,也就是使能哪种中断,因为串口的中断类型有很多种。比如在接收到数据的时候(RXNE 读数据寄存器非空),要产生中断,那么开启中断的方法是:

```
USART_ITConfig(USART2, USART_IT_RXNE, ENABLE);  //开启中断,接收到数据中断
```

发送数据结束时(TC,发送完成)要产生中断,方法是:

```
USART_ITConfig(USART2,USART_IT_TC,ENABLE);
```

当使能了某个中断的时候,该中断发生,就会设置状态寄存器中的某个标志位。要判断该中断是哪种中断,使用的函数是:

```
ITStatus USART_GetITStatus(USART_TypeDef*  USARTx, uint16_t USART_IT)
```

如果使能了串口发送完成中断,那么当中断发生了,便可以在中断处理函数中调用这个函数来判断到底是否是串口发送完成中断,方法是:

```
USART_GetITStatus(USART2, USART_IT_TC)
```

返回值是 SET,说明是串口发送完成中断发生。

10.3　串口协议解析实验

实验目的

综合实验是在基础实验的基础上组合而成,基本思路是 STM32 主板和智能网关之间通过无线模组进行通信,通信之前按照协议规定好不同模块的类型。这样就可以根据协议上传光照度信息到网关,网关也能根据协议控制主控板上的直流电机。无线通信方式如图 10-24 所示。

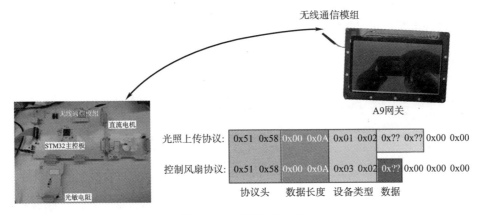

图 10-24　无线通信方式

实验工具

安装 Windows 操作系统的计算机,Keil 软件,STM32 主控板,无线通信模组,光敏模块,直流电机模块,配置版。

实验步骤

（1）因为本实验和串口通信相关，我们直接复制串口基础实验到综合实验目录下，如图 10-25 所示。

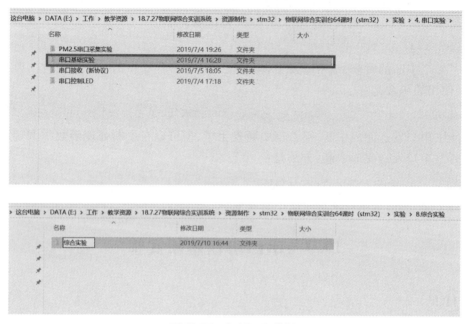

图 10-25　复制工程模板

（2）综合实验中使用到了直流电机和光敏模块。首先将直流电机和光敏模块驱动复制到工程的硬件驱动的文件夹下，如图 10-26 所示。

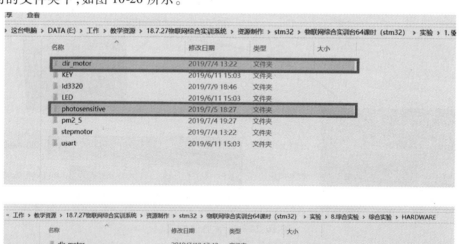

图 10-26　复制驱动

（3）打开工程，添加直流电机驱动，如图 10-27 所示。

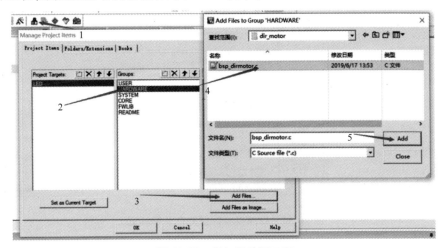

图 10-27 添加驱动到工程

（4）按照步骤添加直流电机头文件路径，如图 10-28 所示。

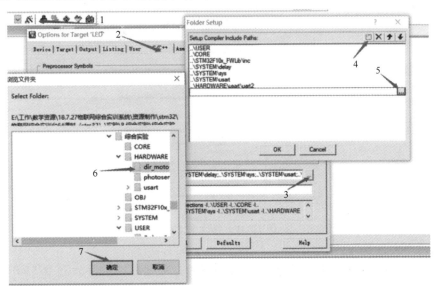

图 10-28 添加驱动路径

（5）修改串口中断函数，添加串口头文件，使用外部变量，进行数据缓冲和长度处理，如图 10-29 所示。

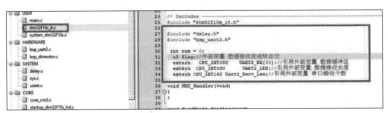

图 10-29 修改中断文件

（6）对接收到的数据进行处理，并将数据存放至数据缓冲区，如图 10-30 所示。

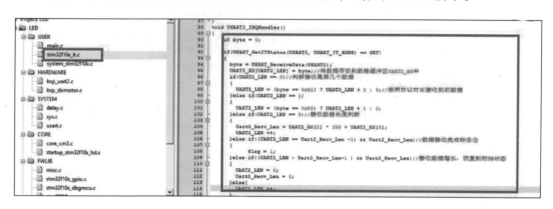

图 10-30　处理接收数据并存至缓冲区

（7）主函数判断接收状态标志位 flag 是否为 1，并且根据传感器类型进行判断是否是直流电机设备码 0302 直流电机，根据命令来控制风扇状态，如图 10-31 所示。

图 10-31　修改主文件

（8）编译链接程序，将程序下载到 STM32 主控板上，通过串口助手发送 0x51 0x58 0x00 0x0A 0x03 0x02 0x01 0x00 0x00 0x00 打开直流电机的指令。当单击"发送数据"按钮时就会向串口发送 0x51 0x58 0x00 0x0A 0x03 0x02 0x00 0x00 0x00 0x00 关闭直流电机的指令。配置板上的无线通信模组接收指令后就会发送给 STM32 的串口，串口拿到指令后就会执行编写的程序，判断设备类型，控制命令就可以控制直流电机运转，如图 10-32 所示。

实验原理

STM32 串口通信和直流电机在之前的实验中已经详细讲解过，本次实验原理讲解通信协议。通信协议是指需要通信的双方按照给定的数据格式进行数据的收发，便于数据的传递。软件编程里面的通信协议就像人类语言沟通一样，一个中国人和一个非洲人，如果语言不通是没办法进行交流的。只有两个人使用相同的语言才能进行正常交流。

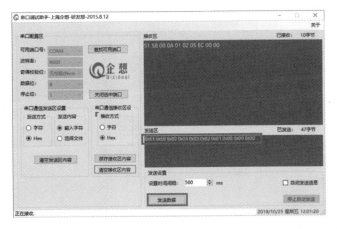
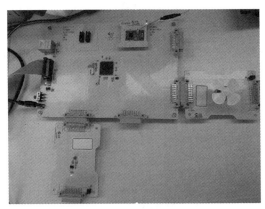

图 10-32　编译烧写程序,观察现象

STM32 和网关之间的协议,每次发送的数据长度固定为 10 个,具体规定如下:

● 协议头为 QX 英文的 ASCII 码表对应值,代表企想公司。

● 数据长度代表本次数据的总长度,便于接收方进行处理。

● 设备类型可以区分 STM32 主控板上的不同功能模块。

● 数据就是具体的内容,例如直流电机的数据 0x01 0x00 0x00 0x00 代表打开直流电机,0x00 0x00 0x00 0x00 代表直流电机停止运转。

智能网关在发送数据的时候按照这种格式进行数据封装,发送到串口后通过无线通信模组进行传送。STM32 从串口接收到以后按照同样的协议进行解析就可以判断出具体含义进而控制直流电机状态。

10.4　串口协议封装实验

实验目的

通过控制直流电机能够掌握协议的解析,下面的实验就进行数据的打包发送。STM32 集到以光敏数据采后,按照协议的格式进行数据的封装,然后发送到网关,网关在显示屏上进行数据显示。

实验工具

安装 Windows 操作系统的计算机,Keil 软件,STM32 主控板,无线通信模组;光敏模块;直流电机模块,配置板。

实验步骤

(1)本次实验在设备控制的代码基础上进行添加。按照步骤将光敏模块的源文件添加到工程中,如图 10-33 所示。

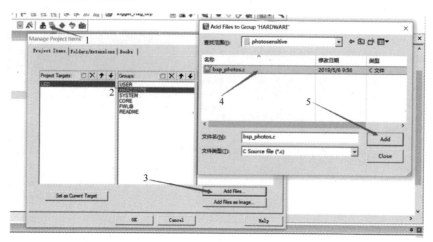

图 10-33　添加驱动

（2）添加 ADC 驱动文件到工程中，如图 10-34 所示。

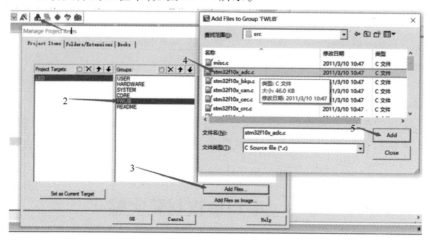

图 10-34　添加驱动文件到工程

（3）添加光敏模块头文件路径到工程中，如图 10-35 所示。

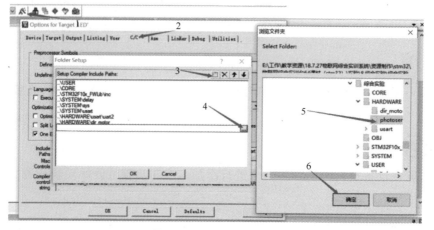

图 10-35　添加驱动路径

（4）到主函数中添加光敏头文件、定义发送缓冲区和变量，如图 10-36 所示。

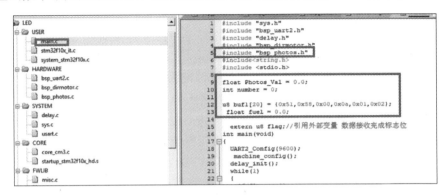

图 10-36　修改主文件

（5）调用光敏驱动函数，获取光敏数据，将数据按照协议格式发送出去，如图 10-37 所示（光敏模块设备码为 0x01 0x02）。

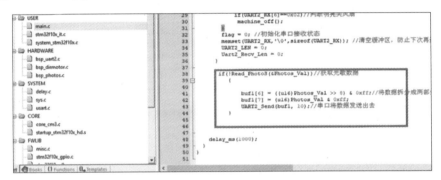

图 10-37　调用光照获取函数

（6）编译链接程序，将程序下载到 STM32 主控板上，STM32 通过 ADC 采集到光照数据，按照协议封装到数据位 0x51 0x58 0x00 0x0A 0x01 0x02 0x??　0x??　0x00 0x00，串口助手将数据显示在屏幕上，如图 10-38 所示。

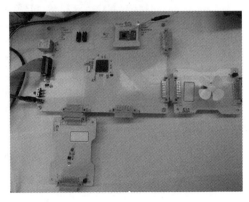

图 10-38　编译下载程序观察现象

实验原理

STM32 串口通信和光敏模块数据在即在之前的实验中已经详细讲解过,本次实验原理讲解通信协议。

STM32 和网关之间的协议,每次发送的数据长度固定为 10 个,具体规定如下:

● 协议头为 QX 英文的 ASCII 码表对应值,代表企想公司。

● 数据长度代表本次数据的总长度,便于接收方进行处理。

● 设备类型可以区分 STM32 主控板上的不同功能模块。

● 数据就是具体的内容,例如直流电机的数据 0x?? 0x?? 0x00 0x00

Stm32 拿到光照数据后将数据拆分成两段,分别放在数据区的第一位和第二位。然后通过串口将协议包发送出去,无线通信模组将协议包发送给网关的串口,网关程序根据串口内容进行模块分类,数据拼装,最终显示在显示屏上。图 10-39 所示为协议格式,图 10-40 所示为 QT 控制界面。

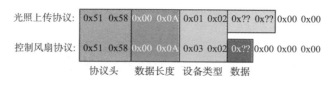

图 10-39 协议格式

图 10-40 QT 控制界面

单元小结

本单元主要介绍物联网系统架构中感知层数据协议封装和解析指令,通过串口进行数据传输。

思考与练习

一、简答题

1. 常见的能够控制的电子器件还有哪些?

2. LED 灯的应用场景都有哪些?

二、实践题

按照操作步骤在计算机上使用开发工具进行编程,能够使用串口进行协议封装和解析,根据协议控制风扇和上传光照度数据。

附录 Ⓐ 图形符号对照表

软件中的符号	图形标准符号
▶⊢	◁
⏚	⏚
⌇	▭